环境综合化学实验教程

主 编 吴翠琴 孙 慧 邓红梅
副主编 王筱虹 夏建荣

北京理工大学出版社
BEIJING INSTITUTE OF TECHNOLOGY PRESS

内 容 简 介

本书共 14 章，包括化学分析实验、仪器分析实验和环境化学实验三篇。其中，第一篇化学分析实验包括了 3 章内容，分别是分析化学实验基本知识、化学分析实验的基本操作技术及定量分析实验；第二篇仪器分析实验包括了 7 章内容，分别是绪论、原子吸收光谱法与原子荧光光谱法、紫外–可见吸收光谱法、电化学分析法、气相色谱法、高效液相色谱法及综合性实验；第三篇环境化学实验包括了 4 章内容，分别是绪论、大气环境化学实验、水环境化学实验及土壤环境化学实验。全书共编写了 44 个实验，涵盖了基本操作实验和综合性设计实验，注重培养学生的动手能力以及分析问题、解决问题的能力。

本书可作为高等院校环境科学、生命科学及地学等非化学专业的化学类实验教材，也可供从事相关专业工作的人员参考使用。

版权专有　侵权必究

图书在版编目（CIP）数据

环境综合化学实验教程 / 吴翠琴，孙慧，邓红梅主编. —北京：北京理工大学出版社，2019.1（2021.8重印）
ISBN 978-7-5682-6604-8

Ⅰ. ①环… Ⅱ. ①吴… ②孙… ③邓… Ⅲ. ①环境化学–化学实验–高等学校–教材　Ⅳ. ①X13-33

中国版本图书馆 CIP 数据核字（2019）第 004037 号

出版发行 / 北京理工大学出版社有限责任公司
社　　址 / 北京市海淀区中关村南大街 5 号
邮　　编 / 100081
电　　话 /（010）68914775（总编室）
　　　　　（010）82562903（教材售后服务热线）
　　　　　（010）68948351（其他图书服务热线）
网　　址 / http://www.bitpress.com.cn
经　　销 / 全国各地新华书店
印　　刷 / 北京虎彩文化传播有限公司
开　　本 / 710 毫米×1000 毫米　1/16
印　　张 / 15.75
字　　数 / 230 千字
版　　次 / 2019 年 1 月第 1 版　2021 年 8 月第 3 次印刷
定　　价 / 48.00 元

责任编辑 / 多海鹏
文案编辑 / 郭贵娟
责任校对 / 周瑞红
责任印制 / 王美丽

编　委　会

前　言

环境问题是当今世界关注的重大问题之一，而大多数环境问题都直接或间接与化学物质有关。"解铃还须系铃人"，要想解决环境问题，必须对环境中化学物质的性质、来源、含量及形态进行分析监测，系统研究化学物质在不同介质环境中的迁移、转化，并探究污染物的去除方法和机制。因此，环境工程相关专业的学生不但要学习专业知识，还要学习与化学相关的理论知识及实验技能。考虑到相关实验技术的延续性，为了提升实验内容的系统性、避免内容重复而造成资源浪费等问题，力争在有限的课时内让学生接触并系统掌握多种实验技能，笔者根据十多年来开设相关化学类实验课的实践经验，编写了《环境综合化学实验》一书。

创新型人才的培养与素质教育是目前高校教学改革的重点，教材也应体现这一发展的需要。本教材以培养学生的基本实验技能为主要目的，旨在通过综合性实验及设计性实验提高学生解决实际问题的能力；本教材通过与生产、生活紧密相关的实验激发学生的学习热情，努力培养学生科学思维、自主设计、独立操作的创新能力。

本书共分为三篇，内容包括化学分析实验、仪器分析实验和环境化学实验。第一篇化学分析实验包括分析化学实验基本知识、化学分析实验的基本操作技术及定量分析实验；第二篇仪器分析实验没有像以往的仪器分析实验教材那样囊括的那么全面，只选择了非化学专业中常用的原子吸收光谱法与原子荧光光谱法、紫外-可见吸收光谱法、电化学分析法、气相色谱法和高效液相色谱法等内容，这些实验内容对环境工程相关专业的学生是非常重要的，也是目前绝大部分本科院校在仪器设备方面容易满足的。在每章的前面，先简要地概述相关仪器分析方法，让学生在做实验之前，熟悉相应仪器分析的理论知识。第三篇环境化学实验包括 2 个大气环境化学实验，4 个水环境化学实验和 5 个土壤环境化学实验。

化学分析实验、仪器分析实验、环境化学实验分别由孙慧、吴翠琴及邓红梅编写，全书最后由吴翠琴审核统稿。

本书在编写的过程中，参考了国内外出版的一些优秀教材和著作，引用了其中某些数据和图表，在此向有关作者表示衷心的感谢。

由于编者的学识水平有限，书中的疏漏和不当之处在所难免，恳请各位专家和读者批评指正。

编　者

目 录

第一篇 化学分析实验

第二篇　仪器分析实验

第三篇　环境化学实验

第一篇

化学分析实验

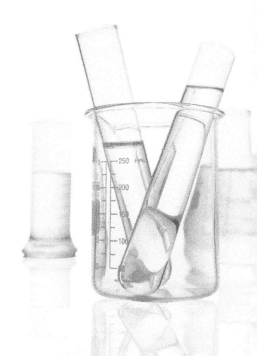

第一章 分析化学实验基本知识

1.1 分析化学实验的要求

分析化学是一门实践性很强的学科。分析化学实验与分析化学理论教学紧密结合，是化工、环境、生物、医药等专业的基础课程之一。

通过学习本课程，学生可以加深对分析化学基本概念和基本理论的理解；正确和较熟练地掌握分析化学实验的基本操作和典型的化学分析方法；树立"量"的概念，运用误差理论和分析化学理论知识，找出实验中影响分析结果的关键环节，在实验中做到心中有数、统筹安排，学会正确、合理地选择实验条件和实验仪器，正确处理实验数据，以保证实验结果准确可靠；培养良好的实验习惯、实事求是的科学态度、严谨细致的工作作风和坚韧不拔的科学品质；提高观察、分析和解决问题的能力，为学习后续课程和将来参加工作打下良好的基础。

为了达到上述目的，对分析化学实验课提出以下基本要求：

1. 认真预习

每次实验前都要明确实验目的和要求，了解实验步骤和注意事项，写好预习报告，做到心中有数。实验前可以先写好实验报告的部分内容，如列好表格、查好有关数据，以便实验时能够及时、准确地记录数据和进行数据处理。

2. 仔细实验，如实记录，积极思考

在实验过程中，要认真地学习有关化学分析方法的基本操作，在教师的指导下正确使用仪器，要严格按照规范进行操作；细心观察实验现象，及时将实验条件和现象以及分析测试的原始数据记录在实验记录本上，不得随意涂改；同时要勤于思考，善于分析问题，培养良好的实验习惯和科学作风；要保持实验台和整个实验室的整洁。

3. 认真写好实验报告

根据实验记录，认真整理、分析、归纳、计算并及时写好实验报告。实验报告一般包括实验名称、实验日期、实验原理、主要试剂和仪器及其工作条件、实验步骤、实验数据的原始记录及其分析处理、实验结果和讨论。实验报告应简明扼要、图表清晰。上述各项内容的繁简取舍，应根据各个实验的具体情况确定，以清楚、简练、整齐为原则。实验报告中的部分内容，如实验原理、表格、计算公式等，要求在预习实验时就准备好，其他内容则可在实验过程中以及实验完成后补充完整。

4. 严格遵守实验室规则，注意安全，保持实验室安静、整洁

实验台面应保持整洁，仪器和试剂按照规定摆放整齐。爱护实验仪器设备。实验中如发现仪器工作不正常，则应及时报告教师处理。此外，实验时要注意节约，应安全使用电、水和有毒或腐蚀性的试剂。每次实验结束后，应将所用的试剂及仪器复原，清洗好用过的器皿，整理好实验室。

5. 实验指导教师在学生实验过程中起着主导作用

实验指导教师应做到：上好实验课，如在实验之前，强调实验的重要性、整个实验安排、注意事项和评分标准等。另外，可在方案设计、综合实验之前集中讲授设计方案的原则和示例等，认真做好指导实验的准备工作，如指出学生前次实验和实验报告中存在的问题以及做好本次实验的关键、检查学生的预习效果、通知下次实验的内容等；在指导实验时，应坚守工作岗位，在演示完实验操作后，"眼观六路"，及时发现和指出学生的操作错误和不良学风；集中精力指导实验，不批改作业和做其他杂事；应仔细批改学生的实验报告，及时归纳学生在实验过程中和编写实验报告时存在的问题，以便下次实验前总结。

学生实验成绩的评定应包括以下几项内容：

（1）是否进行了预习。

（2）实验态度及其操作技能如何。

（3）实验报告的撰写是否认真，是否符合要求；实验结果的精密度、准确度和有效数字的表达等是否规范。

1.2　分析化学实验的一般知识

一、滴定分析中的常用玻璃仪器

在分析化学的基本滴定操作中，最常使用的玻璃仪器有：烧杯、锥形瓶、滴定管、移液管、吸量管和容量瓶；另外，在天平称量中还会用到量筒或量杯、称量瓶。下面分别加以介绍。

1. 普通玻璃仪器——烧杯、量筒或量杯、称量瓶、锥形瓶

烧杯主要用于配制溶液、溶解试样，也可作为较大量试剂的反应器。烧杯可置于石棉网上加热，但不允许干烧。有些烧杯带有刻度，常用烧杯有 10 mL、15 mL、25 mL、50 mL、100 mL、250 mL、500 mL、1 000 mL、2 000 mL 等规格。

量筒或量杯常用于粗略量取液体体积，不能加热，也不能量取过热的液体。需要注意的是，不能在量筒或量杯中配制溶液或进行化学反应。常用量筒或量杯有 5 mL、10 mL、25 mL、50 mL、100 mL、250 mL、500 mL、1 000 mL 等规格。

称量瓶是带磨口塞的圆柱形玻璃瓶（见图 1-1），有扁形和筒形两种。前者常用于测定水分、干燥失重及烘干基准物质；后者常用于称量基准物质、试样等，还可用于易潮和易吸收 CO_2 的试样的称量。

锥形瓶是纵剖面为三角形的滴定反应器，口小、底大，有利于在滴定过程中进行充分振摇，使反应充分且液体不易溅出。锥形瓶可在石棉网上加热，一般在常量分析中所用的规格为 250 mL，是滴定分析中必不可少的玻璃仪器。

在碘量法滴定分析中常用一种带磨口塞、水封槽的特殊锥形瓶，称碘量瓶（见图 1-2）。使用碘量瓶可减小因碘挥发而引起的测定误差。

图 1-1　称量瓶

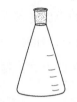

图 1-2　碘量瓶

2. 容量分析仪器

滴定管、移液管和吸量管、容量瓶是滴定分析中准确测量溶液体积的容量分析仪器。溶液体积测量准确与否将直接影响滴定结果的准确度。通常，体积测量的相对误差比天平称量要大，而滴定分析结果的准确度是由误差最大的因素决定的，因此，准确测量溶液体积显得尤为重要。

在滴定分析中，容量分析仪器分为量入式和量出式两种。容量瓶是常见的量入式容量分析仪器（标有"In"），用于测量容器中所容纳的液体体积；滴定管、移液管和吸量管是常见的量出式容量分析仪器（标有"Ex"），用于测量从容器中排（放）出的液体体积。

1）滴定管

滴定管是管身细长、内径均匀、刻有均匀刻度线的玻璃管，管的下端有一玻璃尖嘴，通过玻璃旋塞或乳胶管连接，用以控制液体流出管的速度。常量分析所用的滴定管有 25 mL、50 mL 两种规格；半微量分析和微量分析中所用的滴定管有 1 mL、2 mL、5 mL、10 mL 等规格。

滴定管有酸式滴定管和碱式滴定管两种。酸式滴定管的下端有一个玻璃旋塞，用于装酸性溶液和氧化性溶液，不宜装碱性溶液。碱式滴定管的下端连接一段乳胶管，管内有一颗大小合适的玻璃珠来控制溶液的流出速度。乳胶管下端连接一尖嘴玻璃管。碱式滴定管如果长时间不使用就会出现乳胶管老化、弹性下降的现象，故需及时更换乳胶管。碱式滴定管只能装碱性溶液，不能装酸性或氧化性溶液，以免乳胶管被腐蚀。

2）移液管和吸量管

移液管和吸量管是用于准确移取一定体积液体的量出式容量分析仪器，如图 1-3 所示。移液管中间部分膨大，管颈上部有一环形刻线，膨大部分标有容积、温度、Ex、快或吹等字样，俗称"大肚移液管"，正规名称为"单标线吸量管"。常用的移液管有 5 mL、10 mL、25 mL、50 mL 等规格，其精密度一般高于吸量管。

吸量管具有分刻度，正规名称为"分刻度吸量管"。管上同样标有容积、温度等字样。吸量管常用于移取所需的不同体积液体，有 1 mL、2 mL、5 mL、10 mL 等规格。

移液管和吸量管分快流式和吹式两种。前者管上标有"快"字样，在标明温度的情况下，调节溶液凹液面，使之与刻线相切，

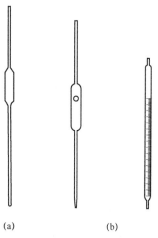

图 1-3 移液管和吸量管示意
(a) 移液管；(b) 吸量管

再让溶液自然流出，并让管尖嘴在接受溶液的容器的内壁靠 15 s 左右，此时溶液体积即为管上所标示的容积。这时我们会发现移液管和吸量管的尖嘴还留有少量溶液，不必将此残留溶液吹出，因为这部分溶液的体积已在仪器校正过程中得以校正。而后者正好相反，管上标有"吹"字样，使用时需要将最后残留在管尖嘴的少量溶液全部吹出。注意，用移液管或者吸量管移取溶液时，必须有"绕内壁转三圈"和"自转三圈"的操作，具体的操作方式将在使用操作中介绍。

此外，移液管和吸量管均属精密容量仪器，不得放在烘箱中加热烘烤。

3）容量瓶

容量瓶是一种细颈梨形的平底玻璃瓶，常带有磨口塞或塑料塞。颈上有标线，瓶上标有容积、温度、In 等字样，用以表明容量瓶是量入式容量分析仪器。

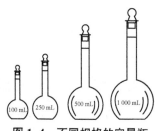

图 1-4 不同规格的容量瓶

在标明温度的情况下，当溶液凹液面下沿与标线相切时，溶液体积与标示体积相等。容量瓶一般用来配制标准溶液、试样溶液和定量稀释溶液。常用的容量瓶有 5 mL、10 mL、25 mL、50 mL、100 mL、250 mL、500 mL、1 000 mL 等规格，如图 1-4 所示。

容量瓶主要用于配制准确浓度的标准溶液或逐级稀释标准溶液，常和移液管配合使用。容量瓶可将配成溶液的物质分成若干等分，但不能长久储存溶液，尤其是碱性溶液，不然会导致磨口瓶塞无法打开。

分析化学实验中使用的玻璃器皿应洁净透明。

二、常用玻璃器皿的洗涤

（一）洗涤方法

在洗涤分析化学实验用的玻璃器皿时，一般要先洗去污物，再用自来水冲净洗涤液至内壁不挂水珠，最后用纯水（蒸馏水或去离子水）淋洗 3 次。

去除油污的方法视器皿而异。烧杯、锥形瓶、量筒和离心管等可先用毛刷蘸合成洗涤剂刷洗，再用自来水冲洗干净，最后用纯水润洗 3 次。

滴定管、移液管、吸量管和容量瓶等具有精密刻度的玻璃仪器，不宜用刷子刷洗，可以先用合成洗涤剂浸泡一段时间，摇动几分钟，倒掉合成洗涤剂，再用自来水冲洗干净，最后用纯水润洗 3 次。若仍不能洗净，则可用铬酸洗液洗涤。洗涤时先尽量将水沥干，再倒入适量铬酸洗液洗涤。

注意：用完的洗液要倒回原瓶，切勿倒入水池。

光学玻璃制成的比色皿不能用毛刷刷洗，可用热的合成洗涤剂或盐酸-乙醇混合液浸泡内外壁数分钟（时间不宜过长），然后冲洗干净即可。被有色物质玷污的容量瓶等用此法洗涤往往是很有效的。

（二）常用的洗涤剂

1. 铬酸洗液

铬酸洗液是含有饱和重铬酸钾（$K_2Cr_2O_7$）的浓硫酸溶液。铬酸洗液具有强氧化性，能除去无机物、油污和部分有机物。其配制方法是：称取 10 g 重铬酸钾（工业级即可）于烧杯中，加入约 20 mL 热水溶解后，在不断搅拌的情况下，缓慢加入 200 mL 浓硫酸，待其冷却后，转入玻璃瓶中，备用。铬酸洗液可反复使用，其溶液呈暗红色，但当溶液呈绿色时，表示已经失效，需重新配制。铬酸洗液腐蚀性很强，且对人体有害，使用时应特别注意安全，切记不可将其倒入水池。

2. 合成洗涤剂

合成洗涤剂主要是指洗衣粉、洗洁精等。合成洗涤剂用于去除油污和某些有机物。

3. 盐酸–乙醇溶液

盐酸–乙醇溶液是化学纯盐酸和乙醇（1:2）的混合溶液，用于洗涤被有色物污染的比色皿、容量瓶和移液管等。

4. 有机溶剂洗涤液

有机溶剂洗涤液主要是指丙酮、乙醚、苯或氢氧化钠的饱和乙醇溶液，用于洗去聚合物、油脂及其他有机物。

5. 硝酸溶液（1:3）

（三）洗涤步骤（以铬酸洗液为例）

（1）取实验室用铬酸洗液试剂瓶（组成：重铬酸钾和浓硫酸）。一只手握住铬酸洗液试剂瓶，将标签向着手心，沿玻璃器皿瓶口将铬酸洗液倾倒于玻璃器皿中，大约占 1/3 体积时停止，轻轻旋转并倾斜玻璃器皿，使铬酸洗液比较均匀地浸润玻璃器皿的内壁。根据玻璃器皿的玷污程度决定铬酸洗液的浸泡时间，如果器皿玷污严重，则可适当延长浸泡时间，也可将玻璃器皿充满铬酸洗液，长时间浸泡或者将铬酸洗液加热稍许，以起到更好的洗涤效果。

注意：铬酸洗液腐蚀性极强，使用时必须非常小心，不要将铬酸洗液溅于裸露的皮肤之上。

（2）浸泡完毕，将铬酸洗液回收到试剂原瓶中，用自来水洗涤 3 次玻璃器皿，洗涤过程与用铬酸洗液洗涤的方法相同，每次洗涤用约玻璃器皿的 1/3 体积的水即可。

（3）之后，再用去离子水洗涤 3 次，洗涤过程与上述相同。

（4）根据玻璃器皿洁净程度的要求，还可用二次蒸馏水将玻璃器皿接着洗涤 3 次。

用以上方法洗涤后,经自来水冲洗干净的玻璃器皿上不应留有 Ca^{2+}、Mg^{2+}、Cl^- 等离子。使用二次蒸馏水是为了洗去附在器壁上的自来水,应符合少量(每次用量少)、多次(一般洗涤 3~4 次)的原则。

洗净的器壁上不应附着不溶物、油污。把玻璃器皿倒转过来,水会顺器壁流下。若器壁上只留下一层既薄又均匀的水膜,不挂水珠,则表示玻璃器皿已洗干净。不能用布或纸擦拭已洗净的玻璃器皿,因为布和纸的纤维会留在器壁上弄脏仪器。

(四)洗净的玻璃器皿的干燥方法

(1)烘干。将洗净的玻璃器皿放入恒温箱内烘干,放置玻璃器皿时应平放或使容器口朝下。

(2)烤干。将烧杯或蒸发皿置于石棉网上,用火烤干。

(3)晾干。洗净的玻璃器皿可倒置于干净的实验柜内或容器架上晾干。

(4)吹干。可用吹风机将玻璃器皿吹干。

(5)用有机溶剂进行干燥。加一些易挥发的有机溶剂(如乙醇或丙酮)于洗净的玻璃器皿中,将玻璃器皿倾斜转动,使器壁上的水和有机溶剂互相溶解、混合,然后倾出有机溶剂,少量残留在玻璃器皿中的溶剂会很快挥发,从而使玻璃器皿干燥。如果用吹风机往玻璃器皿内吹风,则干得更快。

注意:带有刻度的玻璃器皿不能用加热的方法进行干燥,因为加热会影响这些玻璃器皿的准确度。在分析化学基本定量分析实验中,所使用的玻璃器皿都不需要特别的烘干操作,自然晾干即可。

三、分析用纯水

在分析化学实验中,应根据所做实验对水的质量的要求,合理地选用不同规格的纯水。

随着纯水制备方法的不同,带来的杂质情况也不同。我国已建立了实验室用水规格的国家标准——《分析实验室用水规格和试验方法》(GB/T 6682—

2008)，规定了实验室用水的技术指标、制备方法和检验方法等。其将适用于化学分析和无机痕量分析等的实验用水分为 3 个级别：一级水、二级水和三级水。如表 1–1 所示，列出了实验室用水的级别及主要指标。在实际工作中，有些实验对水还有特殊的要求，如对 Fe^{2+}、Ca^{2+}、Cl^- 等离子以及细菌进行检验。

表 1–1　实验室用水的级别及主要指标

指标名称	一级水	二级水	三级水
pH 范围（25 ℃）	—	—	—
电导率（25 ℃）	≤0.01	≤0.01	5.00～7.50
可氧化物质（以氧计）	—	<0.08	≤0.50
蒸发残渣（105±2）℃	—	≤1.000	<0.400
吸光度（254 nm，1 cm）	≤0.001	≤0.010	≤2.000
可溶性硅（以 SiO_2 计）	<0.01	<0.02	—

（一）纯水的制备

制备纯水常用的方法有 3 种。

1. 蒸馏法

目前使用的蒸馏器有玻璃、铜、石英等。蒸馏法只能除去水中非挥发性的杂质，溶解在水中的气体杂质并不能完全除去。蒸馏法的设备成本低，操作简单，但消耗能量大。为节约能源和减少污染，可采用离子交换法、电渗析法等方法制备纯水。

2. 离子交换法

用离子交换法制备的纯水称为去离子水。目前多采用阴、阳离子交换树脂的混合床装置来制备去离子水。其去离子效果好，成本低，但设备及操作较复杂，不能除去水中非离子型杂质，故去离子水中常含有微量的有机物。

3. 电渗析法

电渗析法是在离子交换技术的基础上发展起来的一种方法。它是在直流电场的作用下，利用阴、阳离子交换膜对溶液中的离子选择性透过，以去除离子型杂质。该方法不能去除非离子型杂质，仅适用于要求不是很高的分析工作。

（二）纯水的检验

检验纯水的方法有物理方法（如测定水的电导率或电阻率）和化学方法两类。检验的项目一般包括电导率或电阻率、pH、硅酸盐、氯化物及某些金属离子（如 Cu^{2+}、Pb^{2+}、Zn^{2+}、Fe^{3+}、Ca^{2+}、Mg^{2+}）等。纯水制备不易，也较难保存。应根据不同情况选用适当级别的纯水，并在保证实验要求的前提下，尽量节约用水，养成良好的习惯。

四、化学试剂

化学试剂产品很多，有无机试剂和有机试剂两大类；其按用途，又可分为标准试剂、一般试剂、高纯试剂、特效试剂、仪器分析专用试剂、指示剂、生化试剂、临床试剂、电子工业或食品工业专用试剂等。世界各国对化学试剂的分类和分级及标准不尽相同。我国化学试剂产品有国家标准（GB）、行业标准（专业标准 ZB）及企业标准（QB）；国际标准化组织（ISO）和国际理论化学与应用化学联合会（IUPAC）等也都有很多标准和规定。化学试剂的种类很多，世界各国对化学试剂的分类和分级的标准不尽一致。

国际理论化学与应用化学联合会对化学标准物质的分类为：

A 级：原子量标准。

B 级：和 A 级最接近的基准物质。

C 级：含量为 100%±0.02%的标准试剂。

D 级：含量为 100%±0.05%的标准试剂。

E 级：试剂的纯度是以 C 级或 D 级为标准，对比测得的。

说明：我国习惯将相当于国际理论化学与应用化学联合会 C 级、D 级的试剂称为标准试剂。

优级纯、分析纯、化学纯是一般试剂的中文名称。

一级即优级纯（GR，Guaranteed Reagent），标签为深绿色，用于精密分析实验。

二级即分析纯（AR，Analytical Reagent），标签为金光红色，用于一般分析实验。

三级即化学纯（CP，Chemical Pure），标签为中蓝色，用于一般化学实验。

五、标准物质和溶液的配制

（一）标准物质

1. 标准物质的性质

标准物质（RM）是一种或多种特性值已经很好地被确定的、足够均匀的材料或物质；有证标准样品（CRM）是附有证书的标准样品，其一种或多种特性值是由建立了溯源性的程序确定的，可溯源到准确表示该特性值的计量单位，而且每个标准值都附有给定置信水平的不确定度。在化学分析实验室中，标准物质被广泛用于校准仪器、评价测试方法或为材料赋值，标准物质的正确使用和规范管理对保证分析结果的准确性、溯源性有重要意义。

2. 标准物质的分级

化学分析实验室常用的标准物质一般有基准物质、一级标准物质和二级标准物质等。基准物质是可以通过基准装置、基本方法直接将量值溯源至国家基准的一类化学纯物质，用于化学成分量值的溯源与复现。一级标准物质（GBW）的准确度具有国内最高水平，主要用于评价标准方法；二级标准物质 GBW（E）用与一级标准物质进行比较测量的方法或用一级标准物质的定值方法来定值，可作为工作标准直接使用。已批准的一级标准物质有 1 093 种（含基准物质 108 种），二级标准物质有 1 122 种，它们包括纯物质、固体、气体和水溶液的标准物质。

3. 标准物质的用途

（1）校准仪器。常用的光谱仪、色谱仪等在使用前需要使用标准物质进行检查、校准。检查仪器的各项指标（如灵敏度、分辨率、稳定性等）是否达到要求；用标准物质绘制标准曲线以校准仪器，并在测试过程中修正分析结果。

（2）评价方法。用标准物质考查一些分析方法的可靠性。

（3）质量控制。分析过程中同时分析控制样品，通过控制样品的分析结果考查操作过程的正确性。

（二）标准溶液的配制

标准溶液通常有两种配制方法。

1. 直接法

用直接法配制标准溶液的步骤：用分析天平准确称取一定量的基准试剂，溶于适量的水中，再定量转移到容量瓶中，用水稀释至所需刻度。根据所称取试剂的质量和容量瓶的体积，计算它的准确浓度。

基准物质是纯度很高、组成一定、性质稳定的试剂，它的纯度相当于或高于优级纯试剂的纯度。基准物质是用于直接配制标准溶液或用于标定溶液浓度的物质。

作为基准物质，应具备下列条件：

（1）基准物质的组成与其化学式完全相符。

（2）基准物质的纯度应足够高。一般要求其纯度在99.9%以上，杂质的含量应少到不影响分析的准确度。

（3）基准物质在通常条件下应该处于稳定状态。

（4）基准物质参加反应时，应按反应式定量进行，没有副反应。

2. 标定法

实际上只有少数试剂符合基准物质的要求。很多试剂不宜用直接法配制标准溶液，而要用间接的方法，即标定法。在这种情况下，先配成接近所需浓度的溶液，然后用基准物质或另一种已知准确浓度的标准溶液来标定它的准确浓度。在实际工作中，特别是在工厂实验室中，还常常采用标准试样来标定标准溶液的浓度。标准试样的含量是已知的，它的组成与被测物质相近。此时，标定标准溶液浓度与测定被测物质的条件相同，从而抵消分析过程中的系统误差，故结果准确度较高。储存的标准溶液会因水分蒸发而使水珠凝于瓶壁，故使用前应将溶液摇匀。如果溶液浓度有了改变，则必须重新标定。对于不稳定的溶液应定期标定。

必须指出，对于在不同温度下配制的标准溶液，若从玻璃的膨胀系数来考虑实验误差，即使温度相差 30 ℃，那么造成的误差也不大。但是，水的膨胀系数为玻璃的 10 倍，当使用温度与标定温度相差 10 ℃ 以上时，应注意这个问题。

六、实验室安全知识

在分析化学实验中，经常使用腐蚀性的、易燃、易爆炸的或有毒的化学试剂，大量使用易损的玻璃仪器和某些精密分析仪器及煤气、水、电等。为确保实验的正常进行和人身安全，必须严格遵守实验室的安全规则。

（1）实验室内严禁饮食、吸烟，一切化学药品禁止入口；实验完必须洗手；水、电等使用完毕后，应立即关闭。

（2）离开实验室时，应仔细检查水、电、煤气、门、窗等是否关好。

（3）使用煤气灯时，应先将空气孔调小，再点燃火柴，最后一边打开煤气开关，一边点火。不允许先开煤气灯，再点燃火柴。点燃煤气灯后，应调节好火焰；用后应将煤气灯立即关闭。

使用电器设备时应特别细心，切不可用湿润的手去开启电闸和电器开关。凡是漏电的仪器都不要使用，以免触电。

（4）浓酸、浓碱等具有强烈的腐蚀性，使用时切勿溅在皮肤和衣服上；使用浓盐酸、高氯酸、硫酸、硝酸、氨水时，均应在通风橱中操作。

（5）使用四氯化碳、乙醚、苯、丙酮、三氯甲烷等有机溶剂时，一定要远离火焰和热源。使用完后将试剂瓶塞严，放在阴凉处保存。低沸点的有机溶剂不能直接在火焰上或热源（煤气灯或电炉）上加热，而应在水浴上加热。

（6）热的浓高氯酸遇有机物易发生爆炸，如果试样为有机物，则应先用浓硝酸加热，使之与有机物发生反应，待有机物被破坏后再加入高氯酸，蒸发高氯酸所产生的烟雾易在通风橱中凝聚，所以经常使用高氯酸的通风橱应定期用水冲洗，以免高氯酸凝聚物与尘埃、有机物作用，引起燃烧或爆炸，造成事故。

（7）汞盐、砷化物、氰化物等剧毒物品，使用时应特别小心。氰化物不能接触酸，因作用时产生的氰氢酸有剧毒！应先将氰氢酸废液倒入碱性亚铁盐溶液中，使其转化为亚铁氰化铁盐，然后作废液处理。严禁直接倒入下水道或废液缸中。硫化氢气体有毒，涉及有关硫化氢气体的操作时，一定要在通风橱中进行。

（8）如发生烫伤，则可在烫伤处抹上黄色的苦味酸溶液或烫伤软膏。严重者应立即送医院治疗。实验室如发生火灾，则应根据起火的原因进行针对性灭火。酒精及其他可溶于水的液体着火时，可用水灭火；汽油、乙醚等有机溶剂着火时，用砂土扑灭（此时绝对不能用水）；导线或电器着火时，不能用水及二氧化碳灭火器灭火，而应先切断电源，用四氯甲烷灭火器灭火，并根据火情决定是否要向消防部门报告。

（9）实验室内应保持整齐、干净。不能将毛刷、抹布扔在水槽中。禁止将固体物、玻璃碎片等扔入水槽中，以免造成下水道堵塞。此类物质以及废纸、废屑应放入废纸箱或实验室规定存放的地方。废酸、废碱应小心倒入废液缸，切勿倒入水槽内，以免腐蚀下水管。

七、实验数据的记录、处理和实验报告

（一）实验数据的记录

学生应有专门的、预先编有页码的实验记录本，不得撕去任何一页。绝不允许将数据记在单页纸或小纸片上，或记在书上、手掌上等。实验记录本可与实验报告本共用，实验后即在实验记录本上写出实验报告。

实验过程中的各种测量数据及有关现象，应及时、准确而清楚地记录下来。记录实验数据时，要有严谨的科学态度，要实事求是，切忌夹杂主观因素，决不能随意拼凑和伪造数据。

实验过程中涉及的各种特殊仪器的型号和标准溶液浓度等，也应及时准确地记录下来。在记录实验过程中的测量数据时，应注意其有效数字的位数。用分析天平称重时，要求记录至 0.000 1 g；滴定管及吸量管的读数，应记录至 0.01 mL。

实验记录上的每一个数据，都是测量结果，所以，在进行重复观测时，即使数据完全相同，也应记录下来。在记录文字时，应整齐清洁；在记录数据时，

则应用一定的表格形式，以便记录的内容更清楚、明白。在实验过程中，如发现数据算错、测错或读错而需要改动，则可将该数据用一横线划去，并在其上方写上正确的数字。

（二）实验数据的处理

为了衡量分析结果的精密度，一般会对单次测定的一组结果 x_1，x_2，…，x_n 算出算术平均值 $\bar{x}$ 后，再用单次测量结果的相对偏差、平均偏差、相对平均偏差、标准偏差、相对标准偏差等表示出来，这些是分析化学实验中最常用的几种处理数据的表示方法。

算术平均值为

$$\bar{\chi} = \frac{\chi_1 + \chi_2 + \cdots + \chi_n}{n} = \frac{\sum \chi_n}{n}$$

相对偏差为

$$\frac{\chi_n - \bar{\chi}}{\bar{\chi}} \times 100\%$$

平均偏差为

$$\bar{d} = \frac{|\chi_1 - \bar{\chi}| + |\chi_2 - \bar{\chi}| + \cdots + |\chi_n - \bar{\chi}|}{n} = \frac{\sum |\chi_1 - \bar{\chi}|}{n}$$

相对平均偏差为

$$\mathrm{RMD} = \frac{\bar{d}}{\chi} \times 100\%$$

标准偏差为

$$S = \sqrt{\frac{\sum (\chi_n - \bar{\chi})^2}{n-1}}$$

相对标准偏差为

$$\mathrm{RSD} = \frac{S}{\bar{\chi}} \times 100\%$$

对于分析化学实验数据，有时处理的是大宗数据，有时还要处理总体和样本的大批数据。例如，学生进行某流域水样的监测，就需要进行大批数据的处理。

其他有关实验数据的统计学处理，如置信度与置信区间、是否存在显著性差异的检验及对可疑值的取舍判断等，可参考有关教材和专著。

（三）实验报告

实验完毕后，应用专门的实验报告本，根据预习和实验中的现象及数据记录等，及时、认真地写出实验报告。分析化学的实验报告一般包括以下内容：

实验（编号）实验名称

一、实验目的

二、实验原理

简要地用文字和化学反应式说明。例如，对于滴定分析，通常应有标定和滴定反应方程式、基准物质和指示剂的选择、标定和滴定的计算公式等。对特殊仪器的实验装置，则应画出实验装置图。

三、主要试剂和仪器

列出实验中所要使用的主要试剂和仪器。

四、实验步骤

应简明扼要地写出实验步骤。

五、实验数据及其处理

应用文字、表格、图形等，将数据表示出来。根据实验要求及计算公式计算分析结果并进行有关数据和误差处理，尽可能地使记录表格化。

六、问题讨论

对实验中的现象、产生的误差等进行讨论和分析，应尽可能地结合分析化学的有关理论，以提高自己分析问题、解决问题的能力，也为以后科学研究论文的撰写打下一定的基础。

第二章 化学分析实验的基本操作技术

2.1 半微量定性分析的试剂、仪器和基本操作

一、定性分析常用仪器

1. 离心管

如图 2–1 所示，离心管是底部呈锥形的试管，常用的规格为 3 mL、5 mL、10 mL。有的离心管带有刻度，可以读出所装溶液的体积。离心管主要用来进行沉淀的离心沉降和观察少量沉淀的生成及沉淀颜色的变化。此外，还可进行溶剂萃取，但不能直接在火上加热。

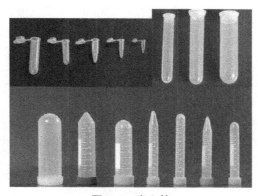

图 2–1 离心管

2. 滴管和毛细滴管

滴管顶端装有橡皮乳头，用于移取溶液。常用的滴管每滴所含液体体积约为 0.05 mL。毛细吸管与滴管相似，但尖端较滴管细而长，主要用于从离心管中吸取沉淀上面的少量离心液。在定性分析中，常使用不装橡皮乳头的毛细吸管，利用其细长管尖的毛细作用移取 0.001～0.05 mL 的液滴进行纸上点滴反应。用于进行点滴反应的毛细滴管的管口一定要平齐。如图 2-2 所示，为滴管和毛细滴管示意。

（a）　　　　　　　　　　　　　　　　　　　（b）

图 2-2　滴管和毛细滴管示意

（a）滴管；（b）毛细滴管

3. 搅拌棒

如图 2-3 所示，搅拌棒是一端拉细，尖端烧圆呈球形的玻璃棒，用于搅拌离心管中的液体或带有沉淀的溶液。其另一端为扁平形，用来分取沉淀。

4. 点滴板

如图 2-4 所示，点滴板是带有圆形凹槽的瓷板，在凹槽中进行定性反应。常见的点滴板有黑白两种。点滴板适用于测试 1～2 滴试液，其与 1～2 滴试液混合后不需要加热便能产生颜色变化，发生生成白色或者有色沉淀的鉴定反应。

图 2-3　搅拌棒　　　　　　　　　　　**图 2-4　滴定板**

5. 杓皿和坩埚

如图 2-5 所示，杓皿和坩埚在定性分析中常用于蒸发溶液，灼烧、分解铵盐。

（a）

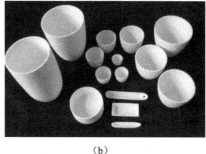

（b）

图 2-5　杓皿坩埚

（a）杓皿；（b）坩埚

6. 坩埚钳

如图 2-6 所示，坩埚钳一般为镀铬的金属钳，用来夹取坩埚。

7. 洗瓶

如图 2-7 所示，洗瓶是化学实验室中用于装清洗溶液的一种容器，并配有发射细液流的装置。洗瓶由塑料细口瓶和瓶口出水管组成。洗瓶用于溶液的定量转移以及沉淀的洗涤和转移。

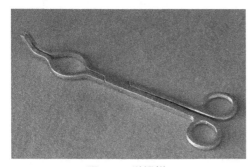

图 2-6　坩埚钳

图 2-7　洗瓶

8. 离心机

如图 2-8 所示，离心就是利用离心机转子高速旋转产生的强大的离心力来加快液体中颗粒的沉降速度，从而把样品中不同沉降系数和浮力密度的物质分离开。离心力（F）的大小取决于离心转头的角速度（ω，r/min）和物质颗粒距离心轴的距离（r，cm）。它们的关系是

$$F=\omega^2 r$$

目前，实验室常用的离心机是电动离心机。

电动离心机转动速度快，使用时要注意安全。特别要防止在电动离心机运转期间，因不平衡或试管垫老化，而使离心机边工作边移动，以致从实验台上掉下来；或因盖子未盖，离心管因振动而破裂，致使玻璃碎片旋转飞出，造成事故。因此使用电动离心机时，必须注意以下事项：

图 2-8　离心机

（1）电动离心机套管底部要垫棉花或试管垫。

（2）如果电动离心机有噪声或机身振动，则应立即切断电源，及时排除故障。

（3）离心管必须对称放入套管中，以防止机身振动。若只有一支样品管，那么另外一支要用等质量的水代替。

（4）在启动电动离心机时，应先盖上电动离心机顶盖，方可慢慢启动。

（5）分离结束后，先关闭电动离心机；在电动离心机停止转动后，方可打开离心机盖，取出样品，不可用外力强制其停止运动。

（6）离心时间一般为 1～2 min。在此期间，实验操作者不得离开离心机。

二、定性分析基本操作

1. 仪器的洗涤

离心管等玻璃仪器应先用自来水润湿，然后用刷子蘸洗衣粉刷洗器壁，并用自来水冲洗，最后用蒸馏水冲洗。对于不宜用刷子刷洗的器皿，可用其他适宜的洗涤液浸洗，然后用自来水及蒸馏水冲洗。洗净的仪器应是清洁透明、不挂水珠的。

2. 试剂的滴加

在滴加液体试剂时，滴管的尖端应略高于离心管口，不得触及离心管内壁，以免玷污试剂。使用试剂时应注意以下事项：试剂应按次序排列，取用试剂时不得将试剂瓶自架上取下，以免搞乱顺序，寻找困难。

3. 加热和蒸发

离心管不得直接在火上加热，应放在水浴中加热，且水浴中的水应微微沸腾。如果溶液需煮沸或蒸发浓缩，则应先将溶液放入杓皿或瓷坩埚中，然后在石棉网上小火加热（在空气浴上加热，蒸发效果更好）。

4. 蒸干和灼烧

为了除去有机物和铵盐，有时会先将溶液放在杓皿或瓷坩埚中，在水浴或空气浴上加热蒸干，然后在泥三角上从小火至大火逐步升温灼烧。

5. 沉淀的生成

在离心管中进行沉淀的步骤是：将试液放入离心管，滴加沉淀剂。滴加沉淀剂的同时要用搅拌棒充分搅拌，直到沉淀完全。

检验沉淀完全的方法是：将沉淀离心沉降，在上层清液中沿管壁再加一滴沉淀剂，如不发生浑浊，则表示已经沉淀完全；否则应继续滴加沉淀剂，直到沉淀完全为止。

6. 沉淀的离心沉降和沉淀与溶液的分离

将带有沉淀的离心管放在电动离心机的管套中，开动离心机，沉淀微粒受离心力的作用而沉降在离心管的尖端。离心沉降后可用毛细滴管（或滴管）将离心液吸出。其具体操作方法为：

（1）先用手指捏毛细滴管上端的橡皮乳头，排出其中的空气。

（2）将离心管倾斜，把毛细滴管尖端伸到离心液液面下，但不可触及沉淀，然后慢慢放松橡皮乳头，则溶液被吸入毛细滴管。

（3）将毛细滴管从溶液中取出，把溶液移入另一清洁的离心管中。如有必要，可重复上述操作。

在沉淀表面的少量溶液时，用去掉橡皮乳头的毛细滴管更为合适，方法是：将离心管倾斜，把毛细滴管的尖端小心地浸入溶液（此时毛细滴管上部应靠在离心管口），借毛细作用使液体进入毛细滴管中，注意毛细滴管尖端应与沉淀表面接触，当液体沿毛细滴管停止上升时，将其从离心管中取出，溶液可并入同一离心管中。

7. 沉淀的洗涤

沉淀与溶液分离后必须仔细洗涤，否则可能被溶液中别的离子玷污，而使分析结果不正确。洗涤沉淀的方法是：用滴管加数滴洗涤液，用搅拌棒充分搅拌后，离心沉降；再用滴管或毛细滴管吸出洗涤液，每次应尽可能把洗涤液完全吸尽。一般情况下洗涤 2～3 次即可。第一次洗涤的洗涤液并入离心液中；第 2 次、第 3 次洗涤的洗涤液可弃去。必要时，应检验沉淀是否洗净，方法是：将一滴洗涤液滴在点滴板上，加入适当试剂，检查应分离出去的离子是否还存在，如产生正反应，则说明未洗净；如产生副反应，则说明洗涤已完成。

8. 沉淀的转移和溶解

沉淀如需分成几份，则可在洗净的沉淀上加几滴蒸馏水。将滴管伸入溶液，挤压橡皮乳头，借挤出的空气搅动沉淀，使之悬浮于溶液中，然后放松橡皮乳头，使浑浊液进入滴管，便可将其转移到另外的容器中。如欲溶解沉淀，则可在不断搅拌的同时，慢慢滴加适当试剂。溶解沉淀一般都应在分离和洗涤后立即进行，因为经长时间放置的或已干的沉淀较难溶解。

9. 气体分析

气室反应。气室是由两块小表面皿合在一起构成的。先将试纸（石蕊试纸或试纸）或浸过所需试剂的滤纸润湿后贴在上表面皿凹面上，然后在下表面皿中放试液和试剂，立即将贴好试纸的表面皿盖上，在水浴上加热，待反应发生后，观察试纸颜色的变化。

10. 纸上点滴分析

先将试剂或试液滴在点滴板上，然后用去掉橡皮乳头的毛细滴管在点滴板上取用。切不可将毛细滴管直接插入试剂瓶中吸取试剂。毛细滴管用后应洗净，并用滤纸吸干。

在取用试液或试剂时，应先将毛细滴管尖端浸入所需溶液中，然后将毛细滴管取出，垂直持毛细滴管，使管尖与滤纸接触，轻轻压在滤纸上，当纸上的潮湿斑点直径扩大时，将毛细滴管迅速拿开，在所生成的潮湿斑点中，依照同样规则，用吸有适当试剂的毛细滴管与其接触（注意：溶液绝对不能滴在滤纸上，且滤纸应先做空白实验）。斑点力求圆形，这样可保证试液或试剂均匀分布和"点滴图像"准确、清晰。必须按照指定的顺序滴加试剂，否则可能得出错误的结论。滤纸不要直接放在实验台上或书本上，最好悬空操作，即用拇指和食指水平拿着滤纸两侧，或将滤纸放在清洁干燥的坩埚口上，再进行相关操作。

2.2 分析天平

分析天平是定量分析工作中最重要、最常用的精密称量仪器。每一项定量分析都直接或间接地需要使用分析天平，而分析天平称量的准确度对分析结果又有很大的影响，因此，我们必须了解分析天平的构造、性能和原理，并掌握正确的使用方法，避免因天平的使用或保管不当而影响称量的准确度。

一、分析天平的称量原理

分析天平是根据杠杆原理（即支点在力点之间）设计而成的。如图 2–9 所示，为等臂双盘电光天平原理示意。将质量为 M_1 的物体和质量为 M_2 的砝码分别放在天平的左右盘上，L_1 和 L_2 分别为天平两臂的长度。当达到平衡时，有 $F_1L_1=F_2L_2$，F_1 和 F_2 是地心对称量物和砝码的吸引力，即两者的重力。等臂天平 $L_1=L_2$，所以 $F_1=F_2$，即 $M_1g=M_2g$，从而有 $M_1=M_2$，所以从砝码的质量就可以知道被称物体的质量。

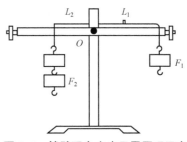

图 2–9 等臂双盘电光天平原理示意

二、分析天平的分类

根据分析天平的结构特点，可分为等臂双盘电光天平（如双盘半机械加码电光天平、双盘全机械加码电光天平）、不等臂单盘电光天平和电子天平 3 类。它们的载荷一般为 100～200 g；有时又根据分度值的大小，将其分为常量分析天平（0.1 mg/分度）、微量分析天平（0.01 mg/分度）和超微量分析天平（0.01 mg/

分度或 0.001 mg/分度）。

（一）双盘半机械加码电光天平

双盘半机械加码电光天平的构造如图 2-10 所示。

(a)

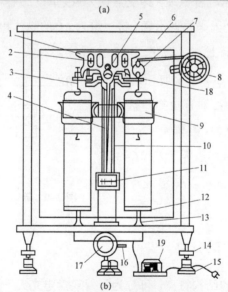

(b)

图 2-10　双盘半机械加码电光天平

(a) 实物图；(b) 结构图

1—横梁；2—平衡螺丝；3—吊耳；4—指针；5—支点刀；6—天平箱；7—圈码；8—指数盘；
9—空气阻尼器；10—立柱；11—投影屏；12—秤盘；13—盘托；14—水平调节螺丝；
15—垫脚；16—微调零拨杆；17—升降枢纽；18—托叶；19—变压器

1. 横梁

天平的横梁部分包括横梁本身、支点刀、承重刀、平衡螺丝、重心螺丝、指针及微分标尺等部件。天平的横梁是天平的主要部件，通常由铝铜合金制成。横梁上装有 3 个三棱形的玛瑙刀，其中装在正中间的称为支点刀，刀口向下；两侧为承重刀，刀口向上。3 个刀口必须平行，且在同一水平面上。天平启动后，支点刀口承于固定在立柱上的玛瑙支点刀承上，承重刀口与吊耳支架下面的玛瑙刀承接触；平衡螺丝用来调节天平的零点，可水平进退。重心螺丝可以上下活动，用以调节横梁的重心，从而改变天平的灵敏性和稳定性。重心螺丝在检定天平时已经调节好，使用时不要随便调动。指针用来指示平衡位置，在指针下端固定一个透明的小标尺，标尺上有刻度，通过光学装置将刻度放大后即能看清并读数。

2. 立柱

立柱是金属做的中空圆柱，下端固定在天平底座中央。立柱的顶端镶嵌玛瑙刀承，与支点刀相接触。立柱的上部装有能升降的托梁架，关闭天平时，托梁架能托住横梁，使刀口与刀承分开以减少磨损。中空部分是升降枢纽控制升降枢杠杆的通路。立柱的后上方装有水平仪，用来指示天平的水平位置（气泡处于圆圈中央时，天平处于水平位置）。

3. 悬挂系统

悬挂系统包括吊耳、天平盘和空气阻尼器。在横梁两端的承重刀上各悬挂一个吊耳，吊耳的上钩挂有秤盘，左盘放称量物，右盘放砝码。吊耳的下钩挂有空气阻尼器内筒。空气阻尼器由两个圆筒组成，外筒固定在立柱上，开口朝上；内筒比外筒略小，开口朝下，挂在吊耳上。两筒间隙均匀，无摩擦。当横梁摆动时，空气阻尼器的内筒上下移动，由于筒内空气的阻力，横梁会很快停止摆动而达到平衡。吊耳、秤盘和空气阻尼器上一般都刻有"Ⅰ""Ⅱ"标记，安装时要分左、右配套使用。

4. 升降枢纽

升降枢纽位于天平底板正中，它连接托梁架、盘托和光源开关。天平开启时，顺时针旋转升降枢开关，托梁架下降，梁上的 3 个刀口与相应的刀承接触，使吊钩及秤盘自由摆动，同时接通电源。此时，投影屏上会显示出标尺的投影，天平进入工作状态。当天平停止称量时，关闭升降枢纽，则横梁、吊耳和盘托被托住，刀口与刀承分开，光源切断，屏幕黑暗，天平进入休止状态。

5. 机械加码装置

转动指数盘，可使天平右梁吊耳上加 10～990 mg 的圈码。指数盘上刻有圈码的质量值，内圈为 10～90 mg 组。

6. 天平箱

为保护天平，防止尘埃的落入、温度的改变和周围空气的流动等对天平的影响，天平应安装在天平箱（天平框罩）中。天平箱左、右和前方共有 3 个可移动的门，前门可上下移动，平时不打开，只是在天平安装、调试时才打开；左、右两侧的门供取、放砝码和称量用。

天平箱下有 3 只脚，前面两个是供调整天平水平位置的螺丝脚，后面一个是固定的。3 只脚都放在脚垫中，以保护桌面。

7. 砝码

每台天平都附有一盒配套使用的砝码。为便于称量，砝码的大小有一定的组合规律。通常采用 5、2、2、1 组合，即为 100 g、50 g、20 g、20 g、10 g、5 g、2 g、2 g、1 g，共 9 个砝码，并按固定的顺序放在砝码盒中。面值相同的砝码，其实际质量可能有微小的差别，故在使用时应将其中的一个做出标记，以示区别。为了减少误差，在同一实验的称量中，应尽量使用同一砝码。在取用砝码时，应使用镊子，用完应及时将砝码放回盒内并盖严砝码盒。

8. 光学读数装置

天平的光学读数装置包括变压器、灯泡、微分标尺和光幕等部分。指针下端装有微分标尺，光源通过光学系统将微分标尺上的分度线放大，再反射到光幕上，从光幕上可看到标尺的投影。投影屏中央有一条垂直标线，它与标尺投影的重合位置即为天平的平衡位置，可直接读出 0.1～10 mg 以内的数值。天平箱下的投影屏调节杆可将光屏在小范围左右移动以细调天平的零点。

（二）双盘全机械加码电光天平

双盘全机械加码电光天平的构造如图 2–11 所示。

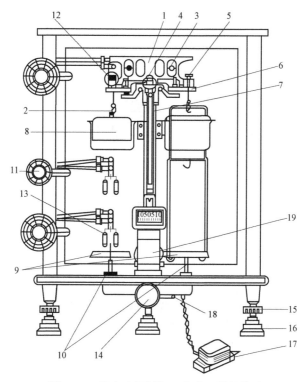

图 2–11　双盘全机械加码电光天平的构造

1—横梁；2—吊耳；3—零点调节螺丝；4—支点刀；5—挂钩；6—立柱；7—指针；8—空气阻尼器；
9—秤盘；10—盘托；11—加码旋钮；12—圈码；13—吊码；14—旋钮；15—调水平螺丝；
16—底垫；17—变压器；18—微动调节杆

此种天平与双盘半机械加码电光天平的构造基本相同，不同之处是增加了两套机械加码器，以实现全部机械加码。这种天平的被称物放在天平的右盘，机械加码则在左盘。微分标尺的刻度是：左为正，右为负。

（三）不等臂单盘电光天平

不等臂单盘电光天平的构造如图 2–12 所示。

这种天平只有一个秤盘，天平载重的全部砝码都悬挂在秤盘的上部，横梁的另一端装有平衡锤和空气阻尼器与秤盘平衡。称量时，将称量物放在盘上，减去适量的砝码，使天平重新达到平衡，减去的砝码的质量即为称量物的质量。它的数值大小直接反映在天平前方的读数器上，10 mg 以下的质量仍由投影屏读出。此种天平由于称量物和砝码都在同一盘上称量，不受臂长不等的影响，并且总是在天平最大负载下称量，因此，天平的灵敏度基本不变，是一种比较精密的天平。

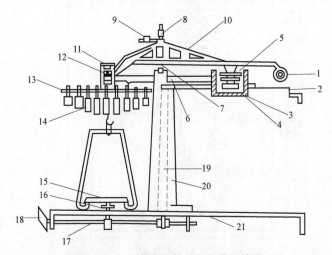

图 2-12　不等臂单盘电光天平的构造

1—微分刻度尺；2—三角底板；3—阻尼筒；4—平衡陀；5—空气阻尼片；6—横梁托翼；7—支点刀及刀承；
8—重心陀；9—平衡螺丝；10—横梁；11—吊耳；12—重点刀；13—挂码架；14—挂砝码；
15—秤盘；16—托盘；17—开关轴；18—开关把手；19—升降连杆；20—立柱；21—底板

（四）电子天平

　　如图 2-13 所示，电子天平是近年发展起来的最新一代天平。它是根据电磁力补偿原理，采用石英管梁制成的，可直接称量，全量程不需砝码，放上被称物后，几秒钟内即达到平衡，显示读数，称量速度快，精度高。它的支承点用弹性簧片取代机械天平的玛瑙刀口；用差动变压器取代升降枢纽装置；用数字显示代替指针刻度。因而，具有使用寿命长、性能稳定、操作简便和灵敏度高等特点。此外，电子天平具有自动校正、自动去皮、超载指示、故障报警等功能以及质量电信号输出功能，还可与打印机、计算机联用，进一步扩展其功能，如统计称量的最大值、最小值、平均值和标准偏差等。

电子天平按结构可分为上皿式电子天平和下皿式电子天平。秤盘在支架上面为上皿式电子天平，秤盘在支架下面为下皿式电子天平。目前，广泛使用的是上皿式电子天平。尽管电子天平的种类很多，但使用方法大同小异，具体操作方法可参见对应的仪器使用说明书。

图 2–13　电子天平

分析天平的性能指标主要有灵敏度、稳定性、示值变动性和不等臂性。

1. 灵敏度

1）灵敏度的表示方法

分析天平的灵敏度是指在分析天平一侧盘上增加 1 mg 质量所引起分析天平指针偏转的程度，它反映分析天平能察觉出秤盘上物体质量改变的能力。灵敏度的单位为"mg/分度"。实际工作中常用灵敏度的倒数——分度值（也称感量）来表示分析天平的灵敏程度，分度值就是使分析天平平衡位置在微分标尺上产生一个分度的变化所需要的质量（毫克数），分度值越小，灵敏度越高。例如，若双盘半机械加码电光天平的灵敏度为 10 mg/分度，则分度值为 0.1 mg/分度，即该天平能察觉出秤盘上 0.1 mg（1/10 000 g）的质量改变。因此，这类天平也被称为万分之一天平。

2）影响灵敏度的因素

分析天平的灵敏度 S 与天平臂长 L、横梁重 W、支点与横梁重心的距离 h 的关系为

$$S=Wh/L \tag{2.1}$$

由式（2.1）可知，在分析天平的臂长和横梁重固定的情况下，灵敏度与支点到横梁重心的距离 h 成反比，即重心高，h 小，灵敏度高；重心低，h 大，灵敏度低。因此，可借调节天平横梁的重心螺丝来调节分析天平的灵敏度。

实际上，分析天平灵敏度的改变还与分析天平的 3 个刀口有关。若刀口锋利，则分析天平摆动时刀口摩擦小，灵敏度高；若刀口缺损，则无论如何调节重心螺丝，也不能显著提高天平的灵敏度。因此，使用分析天平时应特别注意保护刀口，勿使损伤，在加减砝码和取放被称量物体时，必须关闭分析天平。

3）分析天平灵敏度的测定

在调节分析好天平的零点后，关闭分析天平；在左侧天平盘上放置已校准的 10 mg 片码或圈码，开启分析天平，微分标尺移至 100±2 分度范围内为合格。若不合格，则应调节重心螺丝，使灵敏度达到规定的要求。调节重心螺丝会引起天平零点的改变，此时应重新调节零点后再测灵敏度。

2. 稳定性和示值变动性

分析天平的稳定性是指平衡中的横梁经扰动离开平衡位置后，仍自动恢复原位的性能。根据物理学稳定平衡的原理，天平稳定的条件是横梁的重心在支点下方，重心越低越稳定；分析天平的示值变动性是指在不改变天平状态的情况下多次开关天平，天平平衡位置的重复性。稳定性只与天平横梁的重心位置有关，而示值变动性不仅与横梁的重心位置有关，还与气流、振动、温度及横梁的调整状态等有关，即示值变动性包括稳定性。

分析天平的示值变动性实际上也表示称量结果的可靠程度。分析天平的精确度不单决定于灵敏度，还与示值变动性有关，提高分析天平横梁的重心可以提高灵敏度，但也使示值变动性加大，因此单纯提高灵敏度是没有意义的。两者在数值上应保持一定的比例关系。《中华人民共和国国家计量检定规程》（JJG 1036—2008）中规定，天平的示值变动性不得大于读数标牌的一个分度。故分析天平在保证尽可能高的灵敏度的同时，示值变动性也不应过大。

3. 不等臂性

双盘半机械加码电光天平的支点刀与两个承重刀之间的距离，不可能完全相等，总有微小差异，由此引起的称量误差称为分析天平的不等臂性误差。其检验方法如下：

调节分析天平零点后，将两个相同质量的 20 g 砝码分别放在分析天平的两个称量盘上，打开分析天平，读取停点 L_1。关闭分析天平，将两个砝码互换位置，打开分析天平，再读取停点 L_2。计算分析天平不等臂性误差（X）的简单公式为

$$X=（L_1+L_2）/2 \qquad (2.2)$$

规定 $X \leqslant 0.4$ mg，即为合格；否则需请专门人员进行修理。在实际工作中，如果使用同一台分析天平进行测量，那么分析天平的不等臂性误差可以消除。

五、分析天平的使用规则和称量方法

（一）分析天平的使用规则

分析天平是精密的称量仪器，正确地使用和维护它，不仅能保证称量的快速、准确，而且能保证分析天平的精度，延长分析天平的使用寿命。分析天平在使用时应遵守以下规则：

（1）分析天平应安放在室温均匀的室内，并放置在牢固的台面上；避免振动、潮湿、阳光直接照射；防止腐蚀气体的侵蚀。

（2）称量前先将分析天平罩取下叠好，放在分析天平箱上面，检查分析天平是否处于水平状态，分析天平是否处于关闭状态，各部件是否处于正常位置，砝码、环码的数目和位置是否正确。用软毛刷清刷分析天平，检查和调整分析天平的零点。

（3）称量物必须干净，过冷和过热的物品都不能在分析天平上称量（会使水汽凝结在物品上，或引起分析天平箱内空气对流，从而影响称量的准确性）。不得将化学试剂和试样直接放在分析天平盘上，应放在干净的表面皿或称量瓶中；具有腐蚀性的气体或吸湿性物质必须放在称量瓶或其他适当的密闭容器中称量。

（4）分析天平的前门主要供安装、调试和维修分析天平时使用，不得随意打开。称量时，应关好两边的侧门。

（5）旋转升降枢钮时必须缓慢，轻开轻关。加减砝码和取放称量物时，必须关闭分析天平，以免损坏玛瑙刀口。

（6）取放砝码时，必须使用镊子，严禁手拿。加减砝码应遵循"由大到小，折半加入，逐级实验"的原则。称量物和砝码应放在分析天平盘中央。指数盘应一挡一挡慢慢转动，防止圈码跳落碰撞。试加砝码和圈码时应先半开分析天平，通过观察指针的偏转和投影屏上标尺移动的方向，判断加减砝码或称量物；直到半投影屏上的标线缓慢且平稳时，才能将升降枢钮完全打开；待分析天平达到平衡时，记下读数。称量的数据应及时记录在实验记录本上，不得记录在纸片上或其他地方。

（7）分析天平的载质量不应超过天平的最大载质量。在进行同一分析工作时，应使用同一台分析天平和相配套的砝码，以减小称量误差。

（8）称量结束，关闭分析天平，取出称量物和砝码，清刷分析天平，将指数盘恢复至零位。关好分析天平门，检查零点，将使用情况登记在分析天平使用登记本上，切断电源，罩好天平罩。

（9）如需搬动分析天平，则应先卸下天平盘、吊耳、天平梁，再搬动。即使是短距离搬动，也应尽量保护刀口。

（二）称量方法

在实验中，应根据不同的称量对象和不同的分析天平，采用不同的称量方法和操作步骤。常用的几种称量方法如下：

1. 直接称量法

此法用于称量洁净干燥、不易潮解或升华的固体试样。调节分析天平零点后，将称量物放置于天平盘中央，按从大到小的顺序加减砝码或圈码，使分析天平达到平衡，所得读数即为称量物的质量。

2. 固定质量称量法

此法用于称取不易吸水、在空气中能够稳定存在的粉末状或小颗粒试样。先按直接称量法称取盛放试样的空容器质量，在已有砝码的质量基础上再加上欲称试样质量的砝码，然后用药匙将试样慢慢加入容器中，直至天平达到平衡。

3. 递减称量法

递减称量法又称减重称量法，常用于称取易吸水、易氧化或易与 CO_2 反应的物质。该方法称出的试样质量不要求固定的数值，只需在要求的称量范围内即可。如图 2-14 所示，将适量试样装入干燥洁净的称量瓶中，用洁净的小纸条套在称量瓶上，将称量瓶放于天平盘上，在天平上称得质量记为 m_1 g；取出称量瓶，于盛放试样容器的上方，取下瓶盖；将称量瓶倾斜，用瓶盖轻敲瓶口，使试样慢慢落入容器中；在接近所需要的质量时，用瓶盖轻敲瓶口，使粘在瓶口的试样落下；同时，将称量瓶慢慢直立，然后盖好瓶盖。再称称量瓶质量，记为 m_2 g。两次质量之差，就是倒入容器中的第一份试样的质量。按上述方法可连续称取多份试样：

第一份试样的质量 $= m_1 - m_2$（g）

第二份试样的质量 $= m_2 - m_3$（g）

第三份试样的质量 $= m_3 - m_4$（g）

……

图 2-14　递减称量法

2.3　滴定分析的仪器和基本操作

一、滴定管

如前所述，滴定管是滴定时准确测量标准溶液体积的量器，它是具有精确刻度且内径均匀的细长玻璃管。常量分析的滴定管有 25 mL 和 50 mL 两种规格，其

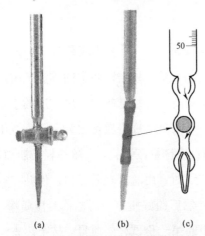

图 2-15 酸式滴定管和碱式滴定管
（a）酸式滴定管；（b）碱式滴定管；（c）碱式滴定
管的局部放大及液体流动方向示意

最小刻度为 0.1 mL，读数可估计到 0.01 mL。另外，还有容积为 1 mL、2 mL、5 mL、10 mL 的半微量滴定管和微量滴定管。

如图 2-15 所示，滴定管一般分为两种：一种是酸式定管；另一种是碱式定管。酸式滴定管的下端有一个玻璃旋塞开关，用来装酸式溶液和氧化性溶液，不宜盛碱性溶液。因为碱性溶液能腐蚀玻璃，使玻璃旋塞难以转动。碱式滴定管的下端连接一段乳胶管，管内有一颗玻璃珠以控制溶液的流出，乳胶管的下端再接一尖嘴玻璃管。碱式滴定管主要装碱性溶液，不能装酸性或氧化性溶液，如硫酸溶液、高锰酸钾溶液、碘溶液等。

1. 滴定管使用前的准备

为了使酸式滴定管的玻璃旋塞转动灵活并防止漏水，可先在玻璃旋塞上涂抹一薄层凡士林或真空油脂，再调节玻璃旋塞。如图 2-16 所示，涂抹凡士林的方法是：将玻璃旋塞取出，用滤纸或干净的小布将玻璃旋塞及玻璃旋塞槽内或者用手指将凡士林涂抹在玻璃旋塞的大头上，另用火柴杆或玻璃棒将凡士林的

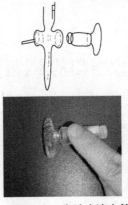
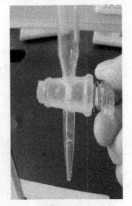

图 2-16 为酸式滴定管的玻璃旋塞涂抹凡士林

水擦干净，用手指蘸取少许凡士林，在玻璃旋塞的两头，涂上一层凡士林，涂抹在活塞槽细的一端内侧。涂抹凡士林时，既不能涂太多（以免玻璃旋塞孔被堵住），也不能涂太少（以免达不到玻璃旋塞灵活转动和防止漏水的目的）。涂完凡士林后，将活塞插入玻璃旋塞槽中，使玻璃旋塞孔与滴定管平行，然后，向同一方向转动玻璃旋塞，直至玻璃旋塞与玻璃旋塞槽上的凡士林膜均匀透明，没有纹路为止。涂好凡士林后，应用橡皮圈套住玻璃旋塞，将其固定在玻璃旋塞槽内，以防玻璃旋塞脱落打碎。应注意，在涂抹凡士林的过程中，滴定管一定要平放、平拿，不要直立，以免擦干的玻璃旋塞又沾湿。最后，经过试漏、洗涤，方可使用。

酸式滴定管试漏的方法是：先将玻璃旋塞关闭，在滴定管装满水，将滴定管垂直固定在滴定管架上，静置 2 min，观察管口及玻璃旋塞两端是否有水渗出；然后，将玻璃旋塞转动 180°，再放置 2 min，观察是否有水渗出。若前后两次均无水渗出，玻璃旋塞转动也灵活，则方可使用；否则，需将玻璃旋塞取出，重新涂抹凡士林并试漏合格后再使用。

碱式滴定管不用抹凡士林，只要选择大小合适的玻璃珠和乳胶管，将乳胶管（内有玻璃珠）、尖嘴管和滴定管连接好，并检查滴定管是否能够灵活控制即可。如不合要求，则应重新装配。

碱式滴定管试漏的方法是：在滴定管内装满水，把滴定管垂直夹在滴定架上静置 2 min，仔细观察滴定管下端的尖嘴上是否挂有水珠或是否有水滴滴下。若没有水珠或水滴滴下，则方可使用。

2. 标准溶液的装入，管嘴气泡的检查及排除

在准备好滴定管后，即可装标准溶液。装入前，应将试剂瓶中的标准溶液摇匀，使凝结在瓶内的水珠混入溶液（在天气较热或室温变化较大时更为必要）。为了确保装入后的溶液浓度不变，应用摇匀后的标准溶液将滴定管润洗 2～3 次，每次用液为 5～10 mL。操作时，先从下口放出少量溶液，冲洗玻璃旋塞（或乳胶管）下面的尖嘴部分，然后，关闭玻璃旋塞（或乳胶管），两手平端滴定管，慢慢转动，使标准溶液与滴定管内壁处处接触，将溶液从上口倒出弃去。装入标准溶液后，注意检查滴定管尖嘴内有无气泡。如果有气泡，那么在滴定过程中，气泡将逸出，从而影响液体体积的标准测量。对于酸式滴定

管，可迅速转动玻璃旋塞，使溶液很快冲击，将气泡带走；对于碱式滴定管，可把乳胶管向上弯曲，挤动玻璃珠，使溶液从尖嘴处喷出，即可排除气泡。排除气泡后，再加入标准溶液使之在"0.00"刻度以上，并调节液面在 0.00 mL 处，备用。如果液面不在 0.00 mL，则应记下读数。

3. 滴定管的读数

因滴定管读数不标准而引起的误差，常常是滴定分析误差的主要来源之一，因此在滴定前应进行读数练习。由于液体表面的张力作用，滴定管内的液面呈弯月形，故读取滴定管的数字时，应使视线与弯月面最低处相切，读取切点的刻度，如图 2-17 所示。对于有色溶液，如高锰酸钾溶液、碘溶液等，其弯月面不够清晰的，可读取视线与液面两侧的最高点呈水平处的刻度。为了正确读数，一般应遵守下列原则：

（1）读数前，管口尖嘴上应无水珠悬挂。

（2）装入或放出溶液后，需等 1~2 min，待附着在内壁上的溶液流下来以后才能读数。

（3）读数时滴定管应保持垂直。

（4）读数时必须读到小数点第 2 位，即要求精确到 0.01 mL。

（5）为了便于读数，可使用读数卡。读数卡可用墨纸或涂有墨的长方形（3.0 cm×1.5 cm）白纸制成。在读数时，将读数卡放在滴定管背后，使黑色部分在弯月面下 1 mm 处，此时即可看到弯月面的反射层呈黑色，然后读取与此黑色反射层相切的刻度。

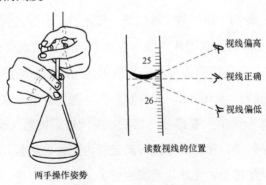

两手操作姿势

读数视线的位置

视线偏高
视线正确
视线偏低

图 2-17   滴定管的读数

4. 滴定操作

滴定操作最好在锥形瓶中进行，必要时也可以在烧杯中进行。

如图 2-18 所示，酸式滴定管的滴定操作：用左手控制滴定管的玻璃旋塞，大拇指在前，食指和中指在后，手指略为弯曲，轻轻向内扣住玻璃旋塞。注意，在转动玻璃旋塞时，切勿使手心顶住玻璃旋塞，以防玻璃旋塞被顶出，造成漏水。右手握持锥形瓶，边滴边摇动，以使瓶内液体混合均匀，利于滴定反应进行。在摇动锥形瓶时，应做同一方向的圆周运动，而不能振荡。在刚开始滴定时，溶液的滴出速度可以稍快些，滴定速度一般以 3~4 滴/s 为宜；临滴定终点时，滴定速度应减慢，要一滴一滴地加入，每加入一滴，摇几下，并用洗瓶吹入少量蒸馏水，洗锥形瓶内壁，使附在锥形瓶内壁的溶液全部流下；然后半滴半滴地加入，直至准确到达滴定终点。半滴的滴法是：将滴定管玻璃旋塞稍稍转动，使半滴溶液悬于管口，将锥形瓶内壁与滴定管管口相接触，然后使溶液流出，并以蒸馏水冲下。

碱式滴定管的摘定操作：如图 2-19 所示，左手拇指在前，食指在后，捏住橡皮管中玻璃珠所在部位稍上处，捏挤橡皮管，使乳胶管和玻璃珠之间形成一条缝隙，溶液即可流出。注意，不能捏玻璃珠下方的乳胶管，否则会使空气进入滴定管形成气泡。

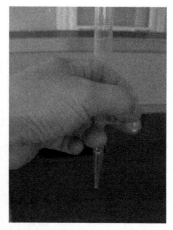

图 2-18　酸式滴定管的滴定操作

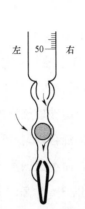

图 2-19　碱式滴定管的滴定操作

二、容量瓶

容量瓶是常用的测溶液体积的一种容量器皿。它是一个细颈、梨形，带有磨口玻璃塞的平底玻璃瓶。在容量瓶的颈上有一标线，在指定温度下，当溶液充满至弯月面与标线相切时，所容纳的溶液体积等于瓶上标出的体积。容量瓶主要用于配制标准溶液或稀释溶液。滴定分析用的容量瓶通常有 25 mL、50 mL、100 mL、250 mL、500 mL、1 000 mL 等规格。

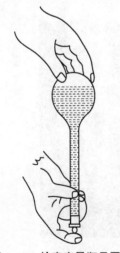

1. 容量瓶的准备

容量瓶使用前应先检查瓶塞是否漏水。检查容量瓶是否漏水的方法：在瓶中加水至标线，盖好瓶塞，用左手食指按住塞子，其余手指拿住瓶颈标线以上的部分，用右手指尖托住瓶底边缘，如图 2-20 所示。将瓶倒立 2 min，如不漏水，则将瓶直立，转动活塞 180° 后，再倒立 2 min，检查是否漏水，如仍不漏水，即可使用。为了防止瓶塞丢失、污染或搞错，操作时可用食指和中指（或中指与无名指）夹住瓶塞的偏头，也可用橡皮筋将瓶塞系在瓶颈上。

图 2-20　检查容量瓶是否漏水的动作示意

2. 定量转移溶液

如图 2-21 所示，如果是用固体物质配制标准溶液，则应先将准确称取的固体物质置于小烧杯中，用蒸馏水或其他溶剂溶解，再将溶液定量转移到预先洗净的容量瓶中。其具体操作为：一只手将一根玻璃棒伸入容量瓶内，使其下端靠瓶颈内壁，并尽可能地接近标线；另一只手拿着烧杯，让烧杯嘴贴紧玻璃棒，慢慢倾斜烧杯，使溶液沿着玻璃棒和容量瓶内壁流入容量瓶；待溶液流完后，将烧杯沿玻璃棒轻轻上提，同时将烧杯直立，使附着在烧杯和烧杯壁嘴之间的液滴流回到

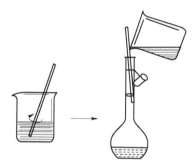

图 2-21 定量转移溶液

烧杯中，再用洗瓶以少量蒸馏水冲洗玻璃棒和烧杯 3~4 次，洗出液全部转入容量瓶中。操作时切勿使溶液流到烧杯或容量瓶外壁，以免引起损失。

3. 稀释溶液

如图 2-22（a）所示，将溶液定量转入容量瓶后，先用蒸馏水将溶液稀释到容量瓶的 2/3 体积；再用手指夹住瓶塞，将容量瓶拿起，按水平方向转动几圈，使溶液初步混合；继续加蒸馏水稀释至标线约 1 cm 处，放置 1~2 min，最后用细长的滴管加水至弯月面恰好与标线相切，盖好瓶塞。

如果是把浓溶液定量稀释，则可用移液管吸取一定体积的溶液移入容量瓶中。

4. 摇匀溶液

如图 2-22（b）所示，盖紧瓶塞后，以左手食指按瓶颈上部，其余 4 指拿住瓶颈标线以上部分，用右手指尖托住瓶底，将容量瓶倒立并摇动，再倒转过来，使气泡上升到顶，如此反复 10 次左右。热溶液应先冷却至室温后，再稀释至标线。需避光的溶液应以棕色容量瓶配制。不要用容量瓶长期存放溶液，应转移到试剂瓶中保存。试剂瓶应用配好的溶液润洗 2~3 次。容量瓶用完后，应立即冲洗干净；若长期不用，则瓶塞磨口处处应垫上纸片，以防止瓶塞打不开。

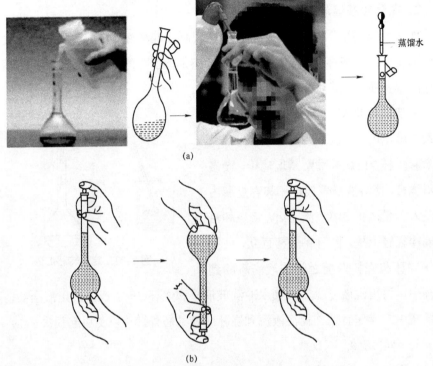

图 2-22　稀释及摇匀溶液的示意

（a）稀释；（b）摇匀

三、移液管和吸量管

如图 2-23 所示，移液管和吸量管都是准确移取一定量溶液的量器。移液管是一根细长而中间膨大的玻璃管。移液管管颈上端有一环形标线，膨胀部分标有容积和标定的温度等。常用的移液管有 5 mL、10 mL、25 mL、50 mL 等规格。吸量管是具有分刻度的玻璃管，两头直径较小，中间管身直径相同，用以转移不同体积的液体。常用的吸量管有 1 mL、2 mL、5 mL、10 mL 等规格。

1. 吸取溶液

洗净的移液管第一次移取溶液前，应先用吸水纸或滤纸将尖端内外的水吸净，然后用待吸溶液将移液管润洗 2～3 次，以保证移取的溶液浓度不变。移取溶液时，一般用右手大拇指和中指拿住移液管管颈标线以上处，将移液管的下管口插入待吸溶液面以下 1～2 cm 深处，并使移液管随液面下降而下降；左手拿洗耳球将移液管内部空气压出，然后把球的尖端接到移液管的上管口，慢慢松开左手指使溶液吸入管内。

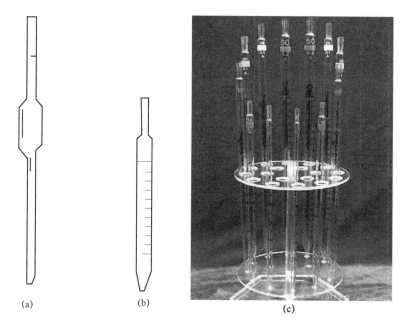

（a）　　　　　（b）　　　　　　　　　（c）

图 2–23　移液管和吸量管

（a）移液管；（b）吸量管；（c）移液管及吸量管架

2. 调节液面

当液面升高到刻度以上时，移去洗耳球，立即用右手的食指按住上管口，将移液管提离液面，然后使移液管尖端靠着盛溶液的容器的内壁，略为放松食指并用拇指和中指轻轻转动移液管，让溶液的弯月面与标线相切，立刻用食指压紧上管口。取出移液管，用干净滤纸擦试管外溶液，但不得接触下管口。

3. 放出溶液

把吸有一定体积溶液的移液管插入承接容器内壁，此时移液管应垂直，承接溶液的容器应略倾斜。让管内溶液自然地全部沿器壁流下，再等待 15 s 后，取出移液管，操作如图 2–24 所示。若移液管上未刻有"吹"字样，则切勿把残留在管尖内的溶液吹出，因为在校正移液管时，已经考虑了末端所保留溶液的体积。

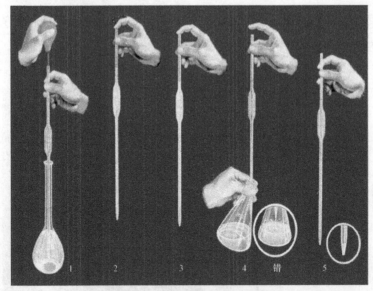

图 2-24　移液管的使用方法示意

1—吸溶液：右手握住移液管，左手撤洗耳球多次；2—把溶液吸到管颈标线以上，不时放松食指，使管内液面慢慢下降；3—把液面调节到标线；4—放出溶液：移液管下端紧贴锥形瓶内壁，放开食指，溶液沿瓶壁自由流出；5—残留在移液管尖的最后一滴溶液，一般不要吹掉（如果管上有"吹"字，则要吹掉）

2.4　质量分析的基本操作

质量分析法是利用沉淀反应，使被测物质转变成一定的称量形式后再测定物质含量的方法。

质量分析的基本操作包括溶解、沉淀、过滤、洗涤、烘干和灼烧等步骤。任何过程的操作正确与否，都会影响最后的分析结果，故每一步操作都要认真、正确。

一、试样的溶解

根据被测试样的性质，选用不同的溶解试剂，以确保待测组分全部溶解，且应避免待测组分发生氧化还原反应而造成损失。此外，加入的试剂不能影响测定结果。所用的玻璃仪器内壁（与溶液接触面）不能有划痕，玻璃棒两头应烧圆，以防黏附沉淀物。溶解试样的具体操作如下：

（1）试样溶解时不产生气体的溶解方法：称取样品放入烧杯中，盖上表面皿；溶解时，取下表面皿，凸面向上放置，试剂沿下端紧靠烧杯内壁的玻璃棒慢慢加入，加完后将表面皿盖在烧杯上。

（2）试样溶解时产生气体的溶解方法：称取样品放入烧杯中；先用少量水将样品润湿，表面皿凹面向上盖在烧杯上，用滴管滴加，或沿玻璃棒将试剂自烧杯嘴与表面皿之间的孔隙缓慢加入，以防猛烈产生气体；加完试剂后，用水吹洗表面皿的凸面，流下来的水应沿烧杯内壁流入烧杯中，用洗瓶吹洗烧杯内壁。若试样溶解需加热或蒸发，则应在水浴锅内进行，且烧杯必须盖上表面皿，以防溶液爆沸或迸溅。当加热、蒸发停止时，需用洗瓶吹洗表面皿或烧杯内壁。

注意，在溶解过程中用于搅拌的玻璃棒不能再在接下来的操作中使用。

二、试样的沉淀

在质量分析时，对被测组分的洗涤应是完全和纯净的。要达到此目的，对晶形沉淀的沉淀条件应做到"五字原则"，即稀、热、慢、搅、陈。

稀：沉淀溶液的配制稀释度要适当。

热：沉淀时应将溶液加热。

慢：沉淀剂的加入速度要缓慢。

搅：沉淀时要用玻璃棒不断搅拌。

陈：沉淀完全后，要静止一段时间，陈化。

为达到上述要求，在进行沉淀操作时，应一只手拿滴管，缓慢滴加沉淀剂，另一只手持玻璃棒不断搅动溶液，搅拌时玻璃棒不要碰烧杯内壁和烧杯底，速度不宜快，以免溶液溅出。加热则应在水浴或电热板上进行，不得使溶液沸腾，否则会引起迸溅或使泡沫飞散，造成被测物的损失。

沉淀完后，应检查沉淀是否完全，其方法是：将沉淀溶液静止一段时间，让沉淀下沉，待上层溶液澄清后，滴加一滴沉淀剂，观察交接面是否混浊，如混浊，则表明沉淀未完全，还需加入沉淀剂；反之，如清亮则表明沉淀完全。

沉淀完全后，盖上表面皿，放置一段时间或在水浴上保温静置 1 h 左右，让沉淀的小晶体生成大晶体，不完整的晶体转为完整的晶体。

三、沉淀的过滤和洗涤

过滤和洗涤的目的在于将沉淀从母液中分离出来，使其与过量的沉淀剂及其他杂质组分分开，并通过洗涤将沉淀转化成一纯净的单组分。

对于需要灼烧的沉淀物，常在玻璃漏斗中用滤纸进行过滤和洗涤；对于只需烘干即可称重的沉淀，则在坩埚中进行过滤、洗涤。

过滤和洗涤必须一次完成，不能间断。在操作过程中，不得造成沉淀的损失。

（一）滤纸

滤纸分为定性滤纸和定量滤纸两大类，质量分析中使用的是定量滤纸，定量滤纸经灼烧后，灰分小于 0.000 1 g 者称"无灰滤纸"，其质量可忽略不计（在制造这种滤纸时已用盐酸和氢氟酸除去其中的杂质）。若灰分质量大于 0.000 2 g，则需从沉淀物中扣除滤纸的灰分质量，一般市售定量滤纸都已注明每张滤纸的灰分质量，可供参考。定量滤纸一般为圆形，按直径大小分为 11 cm、9 cm、7 cm、4 cm 等规格；按过滤速度可分为快速、中速、慢速 3 种。应根据沉淀物的性质来选择定量滤纸。滤纸大小的选择原则是：当沉淀物完全转到滤纸上时，沉淀物的高度一般不超过滤纸圆锥高度的 1/3 处。例如，晶型沉淀（如 $BaSO_4$、CaC_2O_4 等）可选用直径为 9～11 cm、慢速的定量滤纸；而对于胶状沉淀（如 $Fe_2O_3 \cdot xH_2O$ 等），则应选用直径为 11～12.5 cm、快速的定量滤纸。

（二）滤纸的折叠与安放

1. 滤纸的折叠

如图 2-25 所示，一般将滤纸对折、再对折（暂不要折固定），使之变成 1/4 圆，放入清洁干燥的漏斗中，如滤纸边缘与漏斗不十分密合，则可稍微改变折叠角度，直至与漏斗密合，再轻按使滤纸第 2 次的折边折固定，取出成圆锥体的滤纸，把 3 层厚的外层撕下一角，以便使滤纸紧贴漏斗壁。撕下的纸角保留备用。若用布氏漏斗，则要选择与漏斗直径相适合的滤纸，但不需要折叠。

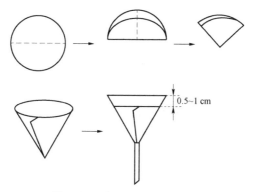

图 2-25 滤纸的折叠和安放

2. 滤纸的安放

把折好的滤纸放入漏斗，3 层的一边对应漏斗出口短的一边。用食指按紧，用洗瓶吹入水流将滤纸湿润，轻轻按压滤纸边缘使锥体上部与漏斗密合，但下部留有缝隙，加水至滤纸边缘，此时空隙应全部被水充满，形成水柱，放在漏斗架上，备用。

（三）沉淀的过滤、转移和洗涤

1. 用滤纸过滤

过滤分 3 步进行：第 1 步采用倾泻法，尽可能地过滤上层清液；第 2 步转移沉淀到漏斗上；第 3 步清洗烧杯和漏斗上的沉淀。这 3 步操作一定要一次完成，不能间断，尤其是过滤胶状沉淀时更应如此。

第 1 步采用倾泻法是为了避免沉淀过早堵塞滤纸上的空隙，从而影响过滤速度。沉淀剂加完后，静置一段时间，待沉淀下降后，将上层清液沿玻璃棒倾入漏斗中。玻璃棒要直立，下端对着滤纸的 3 层边，尽可能靠近滤纸但不接触。倾入的溶液量一般只充满滤纸的 2/3，离滤纸上边缘至少 5 mm，否则少量沉淀会因毛细滴管作用而越过滤纸上缘，造成损失。

在暂停倾泻溶液时，烧杯应沿玻璃棒向上提起，逐渐使烧杯直立，以免使烧杯嘴上的液滴流失。

图 2-26　带沉淀倾泻法过滤

带沉淀倾泻法过滤如图 2-26 所示，烧杯下放一块木头，使烧杯倾斜，以利于沉淀和清液分开，待烧杯中的沉淀澄清后，继续倾注，重复上述操作，直至上层清液倾完为止。开始过滤后，要检查滤液是否透明，如浑浊，则应另换一个洁净烧杯，将滤液重新过滤。

用倾泻法将清液完全过滤后，应对沉淀做初步洗涤。选用什么洗涤液，应根据沉淀的类型和实验内容而定。洗涤时，沿烧杯壁旋转加入约 10 mL 洗涤液（或蒸馏水）吹洗烧杯四周内壁，使黏附的沉淀集中在烧杯底部；待沉淀下沉后，按前述方法，倾出过滤清液，如此重复 3～4 次。再加入少量洗涤液于烧杯中，搅动沉淀使之均匀，并立即将沉淀和洗涤液一起，通过玻璃棒转移至漏斗上；再加入少量洗涤液于杯中，搅拌均匀，转移至漏斗上，重复几次，使大部分沉淀都转移到滤纸上。之后将玻璃棒横架在烧杯口上，下端应在烧杯嘴处，且超出杯嘴 2～3 cm；用左手食指压住玻璃棒上端，大拇指在前，其余手指在后，将烧杯倾斜放在漏斗上方，烧杯嘴向着漏斗，玻璃棒下端指向滤纸的 3 层边处，用洗瓶或滴管吹洗烧杯内壁，使沉淀连同溶液流入漏斗中。冲洗转移沉淀的操作如图 2-27 所示。如有少许沉淀牢牢黏附在烧杯壁上而吹洗不下来，则可用前面折叠滤纸时撕下的纸角，以水湿润后，先擦玻璃棒上的沉淀，再用玻璃棒按住纸块沿烧杯壁自上而下旋转着把沉淀擦"活"，然后用玻璃棒将它拨出，放到该漏斗中心的滤纸上，与主要沉淀合并。之后用洗瓶吹洗烧杯，把擦"活"的沉淀微粒涮洗到漏斗中。沉淀转移之后，将玻璃棒放回烧杯，玻璃棒的放置如图 2-28 所示。在明亮处仔细检查烧杯内壁、玻璃棒、表面皿是否干净、不黏附沉淀。若仍有一点痕迹，则继续擦拭，转移，直到完全干净为止。有时也可用沉淀帚在烧杯内壁自上而下、从左向右擦洗烧杯上的沉淀，然后洗净沉淀帚。沉淀帚一般可自制（剪一段乳胶管，一端套在玻璃棒上，另一端用橡胶胶水黏合，用夹子夹扁晾干即成）。

待沉淀全部转移至滤纸上后，要进行洗涤。洗涤的目的是除去吸附在沉淀表面的杂质及残留液。将洗瓶在水槽上洗吹出洗涤剂，使洗涤剂充满洗瓶的导出管，再将洗瓶拿在漏斗上方，吹出洗瓶的水流从滤纸的多重边缘开始，螺旋形地往下移动，最后到多重部分停止（此过程称为"从缝到缝"）。这样，可使沉淀洗得干净且可将沉淀集中到滤纸的底部。为了提高洗涤效率，应掌握洗涤方法的要领：洗涤沉淀时要少量多次，即每次螺旋形往下洗涤时，所用洗涤剂的量要少，以便尽快沥干，沥干后，再行洗涤。如此反复多次，直至沉淀洗净为止（这通常称为"少量多次"原则）。

过滤和洗涤沉淀的操作，必须不间断地一次完成。若时间间隔过久，沉淀会干涸，粘成一团，就几乎无法洗涤干净了。无论是盛着沉淀的烧杯还是盛着滤液的烧杯，都应该用表面皿盖好。每次过滤完液体后，应立即将漏斗盖好，以防落入尘埃。

图 2-27 冲洗转移沉淀   图 2-28 玻璃棒的放置

2. 用微孔玻璃漏斗过滤

如图 2-29 所示，不需称量的沉淀或烘干后即可称量或热稳定性差的沉淀，均应在微孔玻璃漏斗内进行过滤。这种滤器的滤板是用玻璃粉末在高温下熔结而成的，故又称为玻璃钢砂芯漏斗。此类滤器均不能过滤强碱性溶液，以免强碱腐蚀玻璃微孔。按微孔的孔径大小，微孔玻璃漏斗由大到小可分为 6 级，即 G1～G6（或称 1 号～6 号）。

微孔玻璃漏斗的洗涤：新的微孔玻璃漏斗使用前应以热浓盐酸或铬酸洗液边抽滤边清洗，再用蒸馏水洗净。使用后的微孔玻璃漏斗，需针对不同沉淀物采用适当的洗涤剂洗涤。首先用洗涤剂、水反复抽洗或浸泡微孔玻璃漏斗；再用蒸馏水冲洗干净，并在 110 ℃条件下烘干；最后将其保存在无尘的柜或有盖的容器中，备用。

图 2-29　各种形状的微孔玻璃漏斗

过滤：微孔玻璃漏斗必须在抽滤的条件下，采用倾泻法过滤，其过滤、洗涤、转移沉淀等操作均与滤纸过滤法相同。

四、沉淀的烘干和灼烧

过滤所得沉淀经加热处理，即获得组成恒定的、与化学式表示组成完全一致的沉淀。

（一）沉淀的烘干

沉淀的烘干一般在 250 ℃以下进行。凡是用微孔玻璃漏斗过滤的沉淀，均可用烘干的方法处理。其方法为：将微孔玻璃漏斗连同沉淀放在表面皿上，置于烘箱中，选择合适温度。第 1 次烘干时间可稍长（如 2 h），第 2 次烘干时间可缩短为 40 min。待沉淀烘干后，将其置于干燥器中冷至却室温，称重。如此反复操作几次，直至恒重为止。注意每次操作条件都要保持一致。

（二）沉淀的包裹、干燥、炭化与灼烧

1. 沉淀的包裹

如图 2-30 所示，对于胶状沉淀，因体积大，可用扁头玻璃棒将滤纸的 3 层部分挑起，向中间折叠，将沉淀全部盖住，再用玻璃棒轻轻转动滤纸包，以便擦净漏斗内壁可能粘有的沉淀。

图 2-30　胶状沉淀的包裹

然后，将滤纸包转移至已恒重的坩埚中。如果是包裹晶形沉淀，则可按照图 2-31 所示方法卷成小包将沉淀包好后，用滤纸原来不接触沉淀的那部分，将漏斗内壁轻轻拭擦，擦下可能粘在漏斗上部的沉淀微粒。把滤纸包的 3 层部分向上放入已恒重的坩埚中，这样可使滤纸较易灰化。

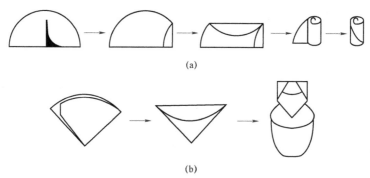

(a)

(b)

图 2-31　晶型沉淀的两种包裹方式

2. 沉淀的干燥和灼烧

将放有沉淀包的坩埚倾斜置于泥三角上，使多层滤纸部分朝上，以便烘烤，如图 2-32 所示。

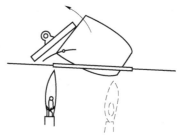

图 2-32　沉淀的干燥和灼烧

1）沉淀的干燥和滤纸的炭化

沉淀过程的干燥不能太快，尤其是对于含有大量水分的胶状沉淀，很难一下烘干，若加热太猛，沉淀内部水分迅速汽化，则水汽会挟带沉淀溅出坩埚，造成实验失败。当滤纸包烘干后，滤纸层会变黑炭化，此时应控制火焰大小，使滤纸只冒烟而不着火，因为着火后，火焰卷起的气流会将沉淀微粒吹走。如果滤纸着火，则应立即停止加热，用坩埚钳夹将坩埚盖住，让火焰自行熄灭，切勿用嘴吹熄。

2）滤纸的灰化和沉淀的灼烧

滤纸全部炭化后，把煤气灯置于坩埚底部，逐渐加大火焰，并使氧化焰完全包住坩埚，烧至红热，把炭完全烧成灰。这种将炭燃烧成二氧化碳除去的过程叫灰化。

灼烧是指高于 250 ℃以上温度进行的处理。它适用于用滤纸过滤的沉淀，灼烧是在预先已烧至恒重的瓷坩埚中进行的。

沉淀和滤纸灰化后，将坩埚移入高温炉中（根据沉淀性质调节适当温度），盖上坩埚盖，但要留有空隙。在与灼热空坩埚相同的温度下，灼烧 40～45 min，与空坩埚灼烧操作相同，取出，冷至室温，称重。然后进行第 2 次、第 3 次灼烧，直至坩埚和沉淀恒重为止。一般第 2 次灼烧以后，灼烧时间便可缩短至 20 min。所谓恒重，是指相邻两次灼烧后的称量差值不大于 0.4 mg。

每次灼烧完毕将其从高温炉内取出后，都应在空气中稍作冷，再移入干燥器（见图 2-33）中，冷却至室温后称重。在干燥器内冷却的原则是：冷至室温，一般需 30 min 左右。但要注意，每次灼烧、称重和放置的时间，都要保持一致。在使用干燥器时，首先将干燥器擦干净，烘干多孔瓷板后，将干燥剂通过一纸筒装入干燥器的底部，应避免干燥剂玷污内壁的上部，然后盖上瓷板。

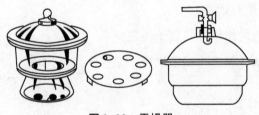

图 2-33　干燥器

干燥剂一般用变色硅胶。此外还可用无水氯化钙等。由于各种干燥剂吸收水分的能力都是有一定限度的，因此干燥器中的空气并非绝对干燥，只是湿度相对降低而已。所以，如果将灼烧和干燥后的坩埚和沉淀在干燥器中放置过久，可能会因吸收少量的水分而使质量增加，这点须加注意。

干燥器盛装干燥剂后，应先在干燥器的磨口上涂上一层薄而均匀的凡士林，再盖上干燥器盖。

如图 2-34 所示，在开启干燥器时，左手按住干燥器的下部，右手按住盖子上的圆顶，向左前方推开干燥器的盖子，盖子取下后应拿在右手中，用左手放入（或取出）坩埚（或称量瓶），及时盖上干燥器盖。盖子取下后，也可放在桌上安全的地方（注意，要磨口向上，圆顶朝下）。加盖时也应当拿住盖子上的圆顶，推着盖好。热的容器放入干燥器后，应连续推开干燥器 1～2 次。搬动或挪动干燥器时，应该用两手的拇指同时按住干燥器的盖子，防止滑落打破。

(a)   (b)   (c)

图 2-34　干燥器的使用方法

（a）装干燥剂的方法；（b）干燥器的开启方法；（c）干燥器的搬动方法

第三章　定量分析实验

实验 3–1　电子分析天平基本操作练习

一、实验目的

（1）观察电子分析天平的结构，了解电子分析天平主要部件的名称和作用。

（2）学会使用电子分析天平。

（3）学会用直接称量法和减量称量法称取物质的质量。

（4）培养准确、整齐、简明地记录实验原始数据的习惯。

电子分析天平是定量分析实验经常用到的精密衡量仪器。因此，了解电子分析天平的构造、掌握正确的称量方法以及严格遵守分析天平的使用规则是成功地完成定量分析实验任务、维护好电子分析天平和提高实验效率的基本保证。

二、仪器与试剂

1. 仪器

（1）电子分析天平。

（2）烧杯。

（3）称量瓶。

2. 试剂

固体硫酸钠。

三、实验内容与步骤

1. 水平调节

调整水平调节脚，使水平仪内的气泡位于圆环中央。

2. 开机和校准

接通电源，轻按"ON/OFF"键，当显示器显示"0.000 0 g"时，电子称量系统自检过程结束。

本次实验所用电子分析天平具有外校准功能（有的电子分析天平具有内校准功能），通过"TAR"键（清零键）、"CAL"键（校准键）、100 g 校准砝码完成校准。

3. 称量

将被称物放于秤盘中央，并关闭电子分析天平侧门，显示器上所显示的稳定数值即为被称物的质量。

分析天平的称量方法有以下几种：

1）直接称量法

称量物体一般采用直接称量法。此法就是将称量物直接放在天平盘上称量，以获取称量物的质量。例如，称量小烧杯的质量、在容量器皿校正中称量某容量瓶的质量、在质量分析实验中称量某坩埚的质量等，都使用这种称量方法。

其具体的使用方法如下：用一条干净的纸条拿取被称物放入天平的称量盘，然后去掉纸条，在砝码盘上加砝码。此时，砝码所标示的质量就等于被称物的质量。如果称量时使用的是电子天平，则可直接显示读数。

2）增量法

此法又称固定质量称量法，一般用于称量某一固定质量的试样或试剂（如基准物质）。这种称量操作的速度很慢，适于称量不易吸潮、在空气中能稳定存在的粉末状或小颗粒（最小颗粒的粒径应小于 0.1 mg，以便容易调节其质量）

样品。操作时不能将试剂散落于天平盘或容器以外的地方，且称好的试剂必须定量地由表面皿等容器直接转入接受容器。

3）减量法

此法用于称量一定质量范围的试样或试剂，尤其适用于称取易吸湿、易氧化或易与 CO_2 反应的试样。所称取试样的质量是由两次称量之差求得的；一般用来连续称取几个试样，其质量允许在一定范围内波动。采用此法称取固体试样的具体操作为：

（1）从干燥器中用纸带（或纸片）夹住称量瓶后取出称量瓶（注意：不要让手指直接触及称量瓶和瓶盖）；用纸片夹住称量瓶盖柄，打开瓶盖，用药匙加入适量试样（一般为所需试样质量的整数倍），盖上瓶盖；称出称量瓶加试样后的准确质量 m_1。

（2）将称量瓶从电子分析天平上取出，在接收容器的上方倾斜瓶身，用称量瓶盖轻敲瓶口上部使试样慢慢落入容器中，瓶盖始终不要离开接受器上方。当倾出的试样接近所需质量（可从体积上估计或试重得知）时，一边继续用瓶盖轻敲瓶口，一边逐渐将瓶身竖直，使黏附在瓶口上的试样落回称量瓶，然后盖好瓶盖，准确称其质量 m_2。

（3）两次质量之差，即为所称取试样的质量。按上述方法连续递减，可称量多份试样。有时一次很难得到合乎质量范围要求的试样，此时可重复上述称量操作 1~2 次。

如此继续进行，可称取多份试样。

第 1 份试样的质量=m_1-m_2（g）

第 2 份试样的质量=m_2-m_3（g）

······

4. 电子分析天平的使用规则

（1）在使用之前，先用软毛刷将其清扫干净。检查电子分析天平是否处于正常状态、是否水平，并检查和调整该天平的零点。

（2）开动或关闭该天平时要缓慢平稳，以免损坏。

（3）待称物不能直接放在天平盘上，而应放在干净的称量容器内（如表面皿、称量瓶等）或称量纸上。吸湿性强、易挥发和具有腐蚀性的样品必须装在密闭容器中称量。

（4）待称物的质量不得超过该天平的最大负荷。

（5）被称物的温度和天平室温度应一致，不允许称量过热或过冷物品。

（6）称量完毕，若较短时间内还使用该天平（或其他人还使用天平），则不用按"ON/OFF"键关闭显示器。待实验全部结束后，按"ON/OFF"键，关闭显示器，此时天平处于待机状态；若当天不再使用，则应拔下电源插头。

（7）称量数据必须完整、准确地记在记录本上。

四、称量练习（数据列表报告）

1. 电子分析天平的零点调节

调整水平调节脚，使水平仪内的气泡位于圆环中央。

2. 样品称量

（1）用直接称量法称出 3 个小烧杯的质量。

（2）用增量法称取 0.250 0 g 样品 3 份。

（3）用减量法称取 0.5 g（准确到 0.1 mg）样品 3 份。

五、数据记录

1. 直接称量法

请将实验结果填入表 3–1。

表 3–1　直接称量法练习结果记录

项　　目	第 1 份	第 2 份	第 3 份
小烧杯质量 m/g			

2. 增量法

请将实验结果填入表 3–2。

表 3-2　增量法练习结果记录

项　　目	第 1 份	第 2 份	第 3 份
纸的质量 m_0/g			
（纸+样品）的质量 m_1/g			
样品的质量 m/g			

3. 减量法

请将实验结果填入表 3-3。

表 3-3　减量法结果记录

项　　目	第 1 份	第 2 份	第 3 份
第 1 次（瓶+NaCl）的质量 m_1/g			
第 2 次（瓶+NaCl）的质量 m_2/g			
NaCl 的质量 m/g			

六、思考题

在采用减量法称量的过程中能否用小勺取样，为什么？

实验 3-2　滴定分析基本操作练习

一、实验目的

（1）练习标准溶液的配制和标定。
（2）练习滴定分析的基本操作。

二、实验原理

滴定分析就是将一种已知准确浓度的标准溶液滴加到被测试样的溶液中，直到化学反应完全为止，然后根据标准溶液的浓度和体积求得被测试样中各组分含量的一种方法。在进行滴定分析时，一方面要会配制滴定剂溶液并能准确测定其浓度；另一方面要准确测量滴定过程中所消耗的滴定剂的体积。

滴定分析方法包括酸碱滴定法、氧化还原滴定法、沉淀滴定法和络合滴定法。本实验以酸碱滴定法中酸碱滴定剂标准溶液的配制和测量滴定剂体积消耗为例，来练习滴定分析的基本操作。

在酸碱滴定中，常用盐酸（HCl 溶液）和 NaOH 溶液作滴定剂，由于浓盐酸易挥发，固体 NaOH 易吸收空气中的水分和 CO_2，故此滴定剂无法直接配制准确，只能先配制近似浓度的溶液，然后用基准物质标定其浓度。HCl 溶液与 NaOH 溶液的滴定反应的突跃范围 pH 为 4～10，在这一范围中可采用甲基橙（变色范围 pH 为 3.1～4.4）、甲基红（变色范围 pH 为 4.4～6.2）、酚酞（变色范围 pH 为 8.0～9.6）、百里酚蓝和甲酚红钠盐水溶液（变色点的 pH 为 8.3）等指示剂来指示终点。在此，为了严格训练学生的滴定分析基本操作，选用甲基橙、酚酞两种指示剂，通过测定 HCl 溶液与 NaOH 溶液的体积比，学会配制酸碱滴定剂溶液的方法和检测滴定终点的方法。

三、实验试剂

（1）固体 NaOH。

（2）浓盐酸（密度 1.19 g/cm³，分析纯）。

（3）酚酞（0.2%水溶液）。

（4）甲基橙（0.2%水溶液）。

四、实验步骤

1. 酸碱溶液的配制

1）0.1 mol/L HCl 溶液的配制

用洁净量杯（或量筒）取浓盐酸约 9 mL，倒入试剂瓶中，加水稀释至 1 000 mL，盖好玻璃塞，摇匀。注意，浓盐酸易挥发，应在通风橱中操作。

2）0.1 mol/L NaOH 溶液的配制

称取固体 NaOH 2.5 g，置于 250 mL 烧杯中，马上加入蒸馏水使之溶解，稍冷却后转入试剂瓶中，加水稀释至 500 mL，用橡皮塞塞好瓶口，充分摇匀。

2. 酸碱溶液的互相滴定

（1）用 0.1 mol/L 的 NaOH 溶液润洗碱式滴定管 2～3 次，每次润洗的用量为 5～10 mL。然后将滴定剂倒入碱式滴定管中，滴定管液面调节至零刻度。

（2）用 0.1 mol/L 的 HCl 溶液润洗碱式滴定管 2～3 次，每次润洗的用量为 5～10 mL。然后将 HCl 溶液倒入酸式滴定管中，滴定管液面调节至零刻度。

（3）HCl 溶液滴定 NaOH 溶液：由碱式滴定管准确放出 NaOH 溶液 20～25 mL 于 250 mL 锥形瓶中，放出速度约为 10 mL/min（即每秒滴入 3～4 滴溶液）。然后加入 1～2 滴甲基橙指示剂，用 0.1 mol/L 的 HCl 溶液滴定至溶液由黄色转变为橙色。平行测定 3 份，数据按表 3–4 记录，所测 V_{HCl} 或 V_{NaOH} 的相对偏差范围为±0.1%～±0.2%，才算合格。

（4）NaOH 溶液滴定 HCl 溶液：用移液管吸取 25.00 mL 0.1 mol/L 的 HCl 溶液于 250 mL 锥形瓶中，加 2～3 滴酚酞指示剂，用 0.1 mol/L 的 NaOH 溶液滴定溶液呈微红色，此红色保持 30 s 不褪色即为滴定终点。如此平行测定 3 份，数据按表 3–5 记录，要求 3 次之间所消耗 NaOH 溶液的体积的最大差值不超过±0.02 mL。

五、数据处理

1. HCl 溶液滴定 NaOH 溶液（指示剂为甲基橙）

表 3–4 HCl 溶液滴定 NaOH 溶液的实验结果

测量编号 记录项目	I	II	III	IV	V
V_{NaOH}（mL）					
V_{HCl}（mL）					
V_{HCl}/V_{NaOH}					
平均值（V_{HCl}/V_{NaOH}）					

续表

记录项目 ＼ 测量编号	I	II	III	IV	V
单次结果相对偏差					
相对平均偏差					

2. NaOH 溶液滴定 HCl 溶液（指示剂为酚酞）

表 3–5 NaOH 溶液滴定 HCl 溶液的实验结果

记录项目 ＼ 测量编号	I	II	III	IV	V
V_{HCl}/mL	25.00	25.00	25.00	25.00	25.00
V_{NaOH}/mL					
n 次间 V_{NaOH} 最大差值/mL					

六、思考题

（1）配制 NaOH 溶液时，应选用何种天平称取试剂？为什么？

（2）HCl 溶液和 NaOH 溶液能否直接配制准确呢？为什么？

（3）在滴定分析实验中，滴定管、移液管为何需要用滴定剂和要移取的溶液润洗几次？滴定中使用的锥形瓶是否也要用滴定剂润洗呢？为什么？

（4）为什么用 HCl 溶液滴定 NaOH 溶液时采用甲基橙作指示剂，而用 NaOH 溶液滴定 HCl 溶液时却用酚酞作指示剂？

（5）滴定管、移液管、容量瓶是滴定分析中量取溶液体积的 3 种准确量器，记录时应分别取几位有效数字？

（6）滴定管读数的起点为何每次都要调到零刻度处？

（7）配制 HCl 溶液和 NaOH 时加入的蒸馏水，是否要准确量度其体积？为什么？

实验 3-3　NaOH 标准溶液和 HCl 标准溶液浓度的标定

一、实验目的

（1）了解 HCl 标准溶液和 NaOH 标准溶液的配制方法（间接法）。

（2）学习并掌握滴定管的使用方法以及滴定操作。

（3）学会标定酸碱标准溶液浓度的方法。

（4）熟悉甲基橙和酚酞的使用方法和滴定终点的确定。

二、实验原理

酸碱滴定中常用 HCl 溶液和 NaOH 溶液作标准溶液，但是浓盐酸易挥发，而 NaOH 溶液易吸收空气中的 CO_2，所以需用间接法配置，即先配置一个近似浓度的溶液，然后用基准物质来标定它们的确切浓度。

1. 标定 HCl 标准溶液的基准物质

用于标定 HCl 标准溶液的基准物质：无水碳酸钠（Na_2CO_3）和硼砂（$Na_2B_4O_7 \cdot 10H_2O$）。这两种物质相比较，硼砂更好些，因为它易制得纯品，且吸湿性小，摩尔质量比较大。但由于硼砂在空气中易失去部分结晶水而风化，因此应保存在相对湿度为 60% 的干燥器（下置饱和的蔗糖溶液和 NaCl 溶液）中。由于 Na_2CO_3 易吸水，故应先在烘箱中（270～300 ℃）烘干至恒重，再保存于干燥器中。

（1）硼砂标定 HCl 标准溶液的反应式为

$$Na_2B_4O_7 + 2HCl + 5H_2O = 4H_3BO_3 + 2NaCl$$

产物为硼酸（H_3BO_3），其水溶液 pH 约为 5.1，可用甲基红作指示剂。

（2）Na_2CO_3 标定 HCl 标准溶液的反应式为

$$Na_2CO_3 + 2HCl = 2NaCl + H_2O + CO_2$$

在恰好到达化学计量点时，为饱和 H_2CO_3 溶液，pH=3.89，突跃范围 pH 为 5.0～3.5，可选用甲基橙作指示剂。滴定终点颜色变化为：由黄色到橙色。

为使 H_2CO_3 溶液的过饱和部分不断分解逸出，临近滴定终点时应将 H_2CO_3 溶液剧烈摇动或加热。

甲基橙本身为碱性，变色范围 pH 为 3.1～4.4。当 pH<3.1 时变红；当 pH>4.4 时变黄；当 pH 为 3.1～4.4 时呈现橙色。

本实验采用 Na_2CO_3 标定 HCl 标准溶液，被滴定溶液由黄色恰变成橙色即为终点。

2. 标定 NaOH 标准溶液的基准物质

标定 NaOH 标准溶液的基准物质有很多，常用的有草酸（$H_2C_2O_4 \cdot 2H_2O$）、苯甲酸（C_6H_5COOH）和邻苯二甲酸氢钾（$KHC_8H_4O_4$）等。其中，邻苯二甲酸氢钾易提纯、易干燥、无结晶水、不吸潮、摩尔质量大，是一种较好的基准物质。

邻苯二甲酸氢钾是一种二元弱酸的共轭碱，其酸性较弱，$K_a=2.9\times10^{-6}$，与 NaOH 的反应为

在本实验中，利用邻苯二甲酸氢钾标定 NaOH 标准溶液。

在恰好到达化学计量点时，为邻苯二甲酸钾钠溶液，呈现微碱性，所以选择酚酞作滴定终点的指示剂。酚酞的变色范围 pH 为 8.2～10.0。酚酞只能检验碱不能检验酸，其在酸性和中性溶液中为无色，在碱性溶液中为紫红色，在极强酸性溶液中为橙色，极强碱性溶液中为无色。在本实验中，褪为粉红色且半分钟不变色即为滴定达到终点。

三、仪器与试剂

1. 仪器

（1）分析天平（0.000 1 g 和 0.01 g 各 1 台）。

（2）酸式滴定管（25～50 mL）1 支。

（3）碱式滴定管（25～50 mL）1 支。

（4）烧杯（100 mL 2 个，1 000 mL 1 个）。

（5）容量瓶（100 mL 1 个，250 mL 2 个）。

（6）锥形瓶（250 mL）5 个。

（7）磨口试剂瓶（500 mL）2 个。

（8）移液管（1 mL、2 mL、5 mL、10 mL、25 mL、50 mL 各 1 支）。

（9）洗瓶 1 个。

（10）洗耳球 1 个。

（11）滴瓶若干。

2. 试剂

（1）NaOH（固体，优级纯）；0.1 mol/L NaOH 标准溶液。

（2）浓盐酸（1.19 g/cm³，分析纯）；0.1 mol/L HCl 标准溶液。

（3）邻苯二甲酸氢钾（基准物质）。

（4）无水碳酸钠（固体，优级纯，基准物质）。

（5）甲基橙指示剂（配制 0.1%甲基橙水溶液）。

（6）酚酞指示剂（配制 0.2%酚酞乙醇溶液）。

（7）无水乙醇。

四、实验步骤

1. 0.1%甲基橙水溶液的配制

将 0.1 g 甲基橙溶于 100 mL 热水中，搅拌均匀，冷却至室温，装入棕色硬质滴瓶中。

2. 0.2%酚酞乙醇溶液的配制

将 0.1 g 酚酞溶于 90 mL 无水乙醇中，加水稀释至 100 mL，混匀，转移至棕色硬质滴瓶中。

3. 0.1 mol/L HCl 标准溶液的配制

在干净的烧杯中加入 496 mL 去离子水，用干净的量筒量取 4～4.5 mL 浓盐酸，然后边搅拌边将浓盐酸缓缓加到去离子水中，待搅拌均匀后，倒入 500 mL 硬质磨口试剂瓶并于阴凉处保存。

4. 0.1 mol/L NaOH 标准溶液的配制

用干净的小烧杯准确称取 4.00 g NaOH 固体，用去离子水溶解并转移至 1 000 mL 大烧杯中，用洗涤液多次洗涤小烧杯，并将洗涤液一并转入大烧杯中，然后定容至 1 000 mL，混匀后装入容积为 500 mL 的聚乙烯瓶中密封保存，备用。

5. 邻苯二甲酸氢钾基准物质的准备

将邻苯二甲酸氢钾装入称量瓶中，在 105～110 ℃条件下干燥 2 h，然后置于干燥器中备用。烘干时温度不能过高，不然会脱水变成邻苯二甲酸酐。

6. 无水碳酸钠基准物质的准备

将无水碳酸钠装入称量瓶中，在 105～110 ℃条件下干燥 2 h，然后置于干燥器中，备用。

7. HCl 标准溶液的标定

（1）将称量瓶中的无水碳酸钠慢慢倾入按直接法已经准确称出质量（m_1）的空烧杯中。倾倒试剂时，由于初次称量，缺乏经验，故应先试称，第一次倾出少许，粗称此量，根据倾出的量估计，继续倾出一定量，然后准确称量烧杯的质量（m_2）。由 m_1-m_2 计算出烧杯中倾出试剂的量。准确称取无水碳酸钠 3 份，每份约 0.065 0 g，置于 250 mL 锥形瓶中，各加入 25 mL 蒸馏水，使之溶解，加 1 滴甲基橙。

（2）用待标定的 HCl 标准溶液滴定，临近终点时，改为逐滴或是半滴的方式滴加，直到被滴定的溶液颜色由黄色恰好变为橙色，即为滴定终点。读取数据并将其正确记录在表格内，重复上述操作，滴定其余 2 份基准物质。

（3）已知无水碳酸钠的质量 $m_{Na_2CO_3}$ 和消耗 HCl 标准溶液的体积 V_{HCl}，按照如下公式计算待标定的 HCl 溶液的浓度 c，即

$$c_{HCl}=m_{Na_2CO_3} \times 2\,000/(M_{Na_2CO_3} \cdot V_{HCl})$$

8. NaOH 标准溶液的标定

（1）用减量法准确称取邻苯二甲酸氢钾 0.100 0 g 于锥形瓶中。同时称取 3 份，各加入 10 mL 蒸馏水溶解，必要时可稍加热溶解，冷却后加酚酞指示剂 2 滴。

（2）用待标定的 NaOH 标准溶液滴定，临近终点时改为逐滴或是半滴的方式滴定，直到溶液颜色由无色变为粉红色，且摇动后 30 s 内颜色不退去，即为滴定终点。

（3）已知邻苯二甲酸氢钾质量 $m_{邻苯二甲酸氢钾}$ 和消耗的 NaOH 标准溶液的体积 V_{NaOH}，按照如下公式计算 NaOH 标准溶液的浓度 c，即

$$c_{NaOH} = m_{邻苯二甲酸氢钾} \times 1\,000 / (m_{邻苯二甲酸氢钾} \cdot V_{NaOH})$$

每次标定体积与平均值偏差不能大于 ±0.3%，否则需重新标定。

五、数据处理

1. 计算待标定的 HCl 标准溶液的浓度 c_{HCl}

$$c_{HCl} = m_{Na_2CO_3} \times 2\,000 / (m_{Na_2CO_3} \cdot V_{HCl})$$

2. 计算 NaOH 溶液的浓度 c_{NaOH}

$$c_{NaOH} = m_{邻苯二甲酸氢钾} \times 1\,000 / (m_{邻苯二甲酸氢钾} \cdot V_{NaOH})$$

六、注意事项

（1）移液管最小刻度为 0.1 mL，要估读到 0.01 mL；滴定管最小刻度为 0.1 mL，要估读到 0.01 mL。

（2）浓度记录保留两位有效数字。

（3）数据记录表格如表 3–6 和表 3–7 所示。

表 3–6　HCl 标准溶液的标定

基准物质：Na_2CO_3

锥形瓶编号	1	2	3	4
倾倒前称量瓶和试剂的质量 m_1				
倾倒后称量瓶和试剂的质量 m_2				
Na_2CO_3 的质量 m（$m = m_1 - m_2$）				
滴定管终点读数/mL				
滴定管初始读数/mL				
所用盐酸体积/mL				

表 3-7 NaOH 标准溶液的标定

基准物质：邻苯二甲酸氢钾

锥形瓶编号	1	2	3	4
倾倒前称量瓶和试剂的质量 m_1				
倾倒后称量瓶和试剂的质量 m_2				
邻苯二甲酸氢钾质量 m （$m=m_1-m_2$）				
滴定管终点读数/mL				
滴定管初始读数/mL				
NaOH 标准溶液所用体积/mL				

实验 3-4　EDTA 标准溶液的配制和标定

一、实验目的

（1）了解 EDTA 标准溶液的配制方法和标定原理。

（2）掌握常用的标定 EDTA 的方法。

二、实验原理

乙二胺四乙酸简称 EDTA 酸，用 H_4Y 表示，是白色、无味的结晶性粉末，不溶于冷水、乙醇及一般有机溶剂，微溶于热水，溶于 NaOH、Na_2CO_3 及氨的溶液。EDTA 酸与金属离子形成螯合物时，络合比皆为 1:1。因为 EDTA 酸在水中溶解度较小，故实验中一般用乙二胺四乙酸二钠（$Na_2H_2Y \cdot 2H_2O$）代替 EDTA 酸来配制络合滴定法的标准溶液，并将其简称为 EDTA 或者 EDTA 二钠盐。EDTA 在水中的溶解度较大，当温度为 22 ℃时在 100 mL 水中可溶解 11.1 g EDTA（约 0.3 mol/L），其溶液 pH 约为 4.4。市售的 EDTA 含有 EDTA

酸和水分，且其中含有少量杂质而不能直接配制标准溶液，通常采用标定法配制 EDTA 标准溶液。

在标定 EDTA 标准溶液时，要根据测定对象的不同，选择不同的基准物质。常用的基准物质有纯金属（如 Cu、Zn、Ni、Pb）以及它们的氧化物、某些盐类（如 $CaCO_3$、ZnO、$ZnSO_4 \cdot 7H_2O$、$MgSO_4 \cdot 7H_2O$）等。此外，在标定 EDTA 标准溶液时，应尽量选择与被测组分相同的基准物质，使标定和测定的条件一致，以减少测量误差。

例如，在测定水的总硬度时，宜采用 $CaCO_3$ 作基准物质来标定 EDTA 标准溶液。在用 $CaCO_3$ 作基准物质来标定 EDTA 标准溶液浓度时，用 NaOH 将 EDTA 标准溶液的 pH 调节至 12～13，采用钙指示剂，滴定到溶液由酒红色变为纯蓝色即为终点。如有 Mg^{2+} 共存，则变色会更敏锐。用钙指示剂（H_3In）确定终点，在 pH ≥ 12 时，HIn^{2-} 离子（纯蓝色）与 Ca^{2+} 形成较稳定的 $CaIn^-$ 配离子（酒红色），所以在钙标准溶液中加入钙指示剂时，溶液呈酒红色。当用 EDTA 溶液滴定时，EDTA 可与 Ca^{2+} 形成比 $CaIn^-$ 配离子更稳定的 CaY^{2-} 配离子，所以在滴定终点附近 $CaIn^-$ 不断转化为 CaY^{2-}，而该指示剂被游离出，其反应式为（在反应式中，络合物可以不写出价态）

滴定前：　　　In（纯蓝色）$+Ca^{2+}=$Ca-In（酒红色）

化学计量点前：　　　$Ca^{2+}+Y=$CaY（无色）

终点：　Ca-In（酒红色）$+Y=$CaY（无色）$+$In（纯蓝色）

用 $ZnSO_4$ 溶液标定 EDTA 标准溶液时，选用二甲酚橙（XO）作指示剂，以盐酸–六亚甲基四胺将 EDTA 标准溶液的 pH 控制在 5～6。其反应式为

滴定前：　　　XO（黄色）$+Zn^{2+}=$Zn$^-$ XO（紫红色）

化学计量点前：　　　$Zn^{2+}+Y=$ZnY（无色）

终点：　Zn-XO（紫红色）$+Y=$ZnY（无色）$+$XO（黄色）

金属离子指示剂：在进行络合滴定时，通过与金属离子生成有色络合物来指示滴定过程中金属离子浓度的变化。

$$M+In \;\rightleftharpoons\; MIn$$

滴入 EDTA 标准溶液后，金属离子逐步被络合，当达到反应化学计量点时，

已与指示剂络合的金属离子会被 EDTA 夺走，从而释放出指示剂的颜色。

$$MIn+Y \leftrightharpoons MY +In$$

指示剂变化的 p^{Mep} 应尽量与化学计量点的 p^{Msp} 一致。金属离子指示剂一般为有机弱酸，存在酸效应，要求显色灵敏、迅速、稳定。

常用金属离子指示剂有：

（1）铬黑 T（EBT）。当 pH=10 时，其可用于滴定 Mg^{2+}、Zn^{2+}、Cd^{2+}、Pb^{2+}、Hg^{2+}、In^{3+}。

（2）二甲酚橙（XO）。当 pH 介于 5～6 时，其可用于滴定 Zn^{2+}。

（3）K-B 指示剂（酸性铬蓝（K）–萘酚绿（B）混合指示剂）。当 pH=10 时，其可用于滴定 Mg^{2+}、Zn^{2+}、Mn^{2+}；当 pH=12 时，其可用于滴定 Ca^{2+}。

三、仪器与试剂

1. 仪器

（1）酸式滴定管。

（2）锥形瓶。

（3）容量瓶。

（4）移液管。

（5）称量瓶。

（6）电子天平。

（7）烧杯。

2. 试剂

（1）EDTA 标准溶液（浓度约为 0.020 mol/L，待标定）。

（2）NaOH 溶液（2 mol/L）。

（3）HCl 溶液（1:1，即浓度为 6 mol/L）。

（4）$CaCO_3$（固体，分析纯）。

（5）钙指示剂。

四、实验步骤

1. 0.020 mol/L EDTA 标准溶液的配制

在电子天平上称取约 3.8 g 乙二胺四乙酸二钠于 500 mL 烧杯中，加 200 mL 去离子水，加热使其溶解，转入聚乙烯瓶中，用水涮洗烧杯 2～3 次，并将涮洗液并入试剂瓶，继续加水至总体积约为 500 mL，盖好瓶口，摇匀，贴上标签。

2. 以 $CaCO_3$ 为基准物质标定 EDTA 标准溶液

（1）0.020 mol/L 的 $CaCO_3$ 标准溶液的配制。准确称取在 110 ℃ 干燥至恒重的基准物质 $CaCO_3$ 0.50～0.55 g 于 250 mL 烧杯中，加水数滴润湿使其成糊状，盖上表面皿，由烧杯嘴沿杯壁慢慢滴加 5 mL 1:1 HCl 溶液，反应剧烈时稍作停顿，盖上表面皿，手指按住表面皿略为转动烧杯底，使试样完全溶解。加去离子水 50 mL，微沸数分钟以除去 CO_2。冷却后，用水吹洗表面皿的凸面和烧杯内壁，把可能溅到表面皿上的溶液洗入烧杯中。将所有洗涤液移入 250 mL 容量瓶中，用纯水稀至刻度后摇匀，计算其准确浓度。

（2）EDTA 标准溶液的标定。吸取 20.00 mL $CaCO_3$ 标准溶液于 250 mL 锥形瓶中，加 40 g/L NaOH 溶液（5 mL）将 EDTA 标准溶液的 pH 调节至 12，加入米粒大小（0.01 g）的钙指示剂，摇匀，用 EDTA 标准溶液滴定，溶液由酒红色转变为纯蓝色即为终点。平行测定 3 次，计算 EDTA 标准溶液的浓度。

3. 以 $ZnSO_4 \cdot 7H_2O$ 为基准物质标定 EDTA 标准溶液

（1）配制 0.020 mol/L 的锌标准溶液。准确称取 $ZnSO_4 \cdot 7H_2O$ 1.2～1.5 g 于 250 mL 烧杯中，加 100 mL 水使其溶解后，定量转移至 250 mL 容量瓶中，用水稀释至刻度，摇匀，计算其准确浓度。

（2）EDTA 溶液浓度的标定。移取 20.00 mL 的锌标准溶液于 250 mL 锥形瓶中，加 2 mL 1:5 HCl 溶液及 10 mL 200 g/L 六亚甲基四胺，加 2 滴二甲酚橙，用 EDTA 标准溶液滴定至溶液由紫红色恰变为亮黄色即为终点。平行做 3 份试样，计算 EDTA 标准溶液的浓度，其相对平均偏差不大于 0.2%。

五、数据处理

1. 钙标准溶液的配制

将钙标准溶液的配制记录及计算结果填至表 3–8 中。

表 3–8　钙标准溶液的配制

称取基准物质的质量/g	标准溶液的体积/mL	钙标准溶液的浓度/（mol·L⁻¹）

2. EDTA 标准溶液的标定

将钙标准溶液标定 EDTA 标准溶液的记录及计算结果填至表 3–9 中。

表 3–9　钙标准溶液标定 EDTA 标准溶液

滴定序号	1	2	3
钙标准溶液的浓度/（mol·L⁻¹）			
滴定前滴定管内液面读数/mL			
滴定后滴定管内液面读数/mL			
标准 EDTA 溶液的用量/mL			
EDTA 标准溶液的浓度测定值/（mol·L⁻¹）			
EDTA 标准溶液的浓度平均值/（mol·L⁻¹）			
相对平均偏差			

六、注意事项

（1）移液管、滴定管、容量瓶、锥形瓶的洗涤应规范。

（2）移液管、滴定管的操作手法应规范。

（3）注意容量瓶的查漏及使用规范。

（4）注意分析天平的使用规范。

（5）注意读数、记数、计算结果的有效数字位数。

（6）注意配位滴定与酸碱滴定的区别；在进行滴定操作时，应注意滴定速度。

配位反应的速度较慢（不像酸碱反应能在瞬间完成），故滴定时加入 EDTA 标准溶液的速度不能太快。特别是在临近终点时，应逐滴加入，并充分振摇。

七、思考题

（1）在两种标定方法中，为什么要使用两种指示剂分别标定？

（2）滴定锌为什么要在六亚甲基四胺缓冲溶液中进行？如果没有缓冲溶液存在，将会导致什么现象发生？

实验 3–5　水的总硬度测定

一、实验目的

（1）了解络合滴定法的原理及其应用。

（2）掌握络合滴定法中的直接滴定法，并学会用配位滴定法测定水的总硬度。

二、实验原理

1. 水的总硬度测定

含有钙、镁盐类的水叫硬水（硬度小于 5.6 度的一般称为软水）。硬度有暂时硬度和永久硬度之分。凡水中含有钙、镁的酸式碳酸盐，遇热即成碳酸盐沉淀而失去其硬度的称为暂时硬度；凡水中含有钙、镁的硫酸盐、氯化物、硝酸盐等所成的硬度称为永久硬度。暂时硬度和永久硬度的总和称为"总硬度"。由 Mg^{2+} 形成的硬度称为"镁硬度"，由 Ca^{2+} 形成的硬度称为"钙硬度"。测定水的硬度常采用配位滴定法，用乙二胺四乙酸二钠（EDTA）的标准溶液滴定水中 Ca^{2+}、Mg^{2+} 总量，然后换算为相应的硬度单位（我国用 mmol/L 或 mg/L（$CaCO_3$）表示水的硬度）。

按国际标准方法测定水的总硬度：在 pH=10 的 NH_3–NH_4Cl 缓冲溶液中，

以铬黑 T（EBT）为指示剂，用 EDTA 标准溶液滴定至溶液由紫红色变为纯蓝色即为终点。滴定反应过程如下：

（1）指示剂。铬黑 T（EBT）pH<6.3（紫色）；pH 6.3～11.5（蓝色）；pH>11.5（橙色）。

（2）滴定过程的颜色变化。

滴定前：　　　　　　EBT+Mg^{2+}　=Mg-EBT

　　　　　　　（蓝色）　　（紫红色）

滴定时：EDTA+Ca^{2+}　=Ca-EDTA（无色）

　　　　EDTA+Mg^{2+}　=Mg-EDTA　（无色）

终点时：　　EDTA+Mg-EBT=Mg-EDTA+EBT

　　　　　（紫红色）　　　　　（蓝色）

说明：在到达计量点时，呈现游离指示剂的纯蓝色。

（3）干扰离子的掩蔽。当水样中存在 Fe^{3+}、Al^{3+} 等微量杂质时，可用三乙醇胺进行掩蔽；当水样中存在 Cu^{2+}、Pb^{2+}、Zn^{2+} 等重金属离子时，可用 Na_2S 或 KCN 掩蔽。

（4）分别测定钙、镁的硬度。可控制待测溶液的 pH 介于 12～13（此时为 $Mg(OH)_2$ 沉淀），选用钙指示剂进行测定。镁硬度可由总硬度减去钙硬度求出。

2. EDTA 标准溶液的标定

EDTA 标准溶液常采用间接法配制。由于 EDTA 可与金属形成 1:1 配合物，因此标定 EDTA 标准溶液常用的基准物质是一些金属以及它们的氧化物和盐，如 Zn、ZnO、$CaCO_3$、Bi、Cu、$MgSO_4 \cdot 7H_2O$、Ni、Pb、$ZnSO_4 \cdot 7H_2O$、等。为了减小系统误差，本实验选用 $CaCO_3$ 作基准物质，在 pH=10 的 NH_3–NH_4Cl 缓冲溶液中，以铬黑 T 为指示剂进行标定（标定条件与测定条件一致）。用待标定的 EDTA 标准溶液滴至溶液由紫红色变为纯蓝色即为终点。

滴定前：　　EBT+Mg^{2+}-EDTA = Mg-EBT　+　EDTA

　　　　　（蓝色）　　　　　　（紫红色）

滴定时：　　　　　　EDTA+Ca^{2+} = Ca-EDTA

　　　　　　　　　　　　（无色）

终点时：　　　　　EDTA+Mg-EBT = Mg-EDTA+EBT

　　　　　　（紫红色）　　　　　　　（蓝色）

$$K_{稳（Ca-EDTA）} > K_{稳（Mg-EDTA）} > K_{稳（Mg-EBT）} > K_{稳（Ca-EBT）}$$

三、仪器与试剂

1. 仪器

（1）分析天平。

（2）称量瓶。

（3）台秤。

（4）滴定管。

（5）锥形瓶。

（6）烧杯。

（7）玻璃棒。

（8）表面皿。

（9）试剂瓶。

2. 试剂

（1）乙二胺四乙酸二钠（分析纯）。

（2）$CaCO_3$（基准物质）。

（3）NH_3-NH_4Cl 缓冲溶液（pH=10）。

（4）1∶1 HCl。

（5）铬黑 T 指示剂（质量百分比为 0.5%）。

（6）6 mol/L NaOH 溶液。

铬黑 T 指示剂两种常用的配制方法：

（1）取 0.1 g 铬黑 T，使之与 10 g 研细的干燥 NaCl 混合均匀，配成固体混合剂保存于干燥器中，用时挑取少许即可。

（2）取 0.2 g 铬黑 T 溶于 15 mL 的三乙醇胺溶液中，待其完全溶解后，加无水乙醇 5 mL。此溶液可保存数月。

四、实验步骤

1. 0.01 mol/L EDTA 标准溶液的配制和标定

（1）配制。在台秤上称取 2 g 左右乙二胺四乙酸二钠于 500 mL 烧杯中，加 200 mL 去离子水，温热使其溶解，转入聚乙烯瓶中，用水涮洗烧杯 2～3 次，并将涮洗液并入试剂瓶，继续加水至总体积约为 500 mL，盖好瓶口，摇匀，贴上标签。

（2）标定。准确称取 $CaCO_3$（基准物质）0.25 g，置于 100 mL 烧杯中，用少量水先润湿，盖上表面皿，慢慢滴加 1:1 HCl 5 mL，待其全部溶解后，加去离子水 50 mL，微沸数分钟以除去 CO_2，冷却后用少量水冲洗表面皿及烧杯内壁，定量转移到 250 mL 容量瓶中，用水稀释至刻度，摇匀。

移取 25 mL 钙标准溶液于容积为 250 mL 的锥形瓶中，加 1 滴甲基红，用氨水中和至溶液由红变黄。（若氨性缓冲溶液的缓冲容量够多，则可省略此步骤），加入 20 mL 水和 5 mL Mg-EDTA 溶液，再加入 10 mL 氨性缓冲溶液，3 滴铬黑 T 指示剂，立即用待标定的 EDTA 标准溶液滴定至溶液由紫红色（酒红色）变为纯蓝色（紫蓝色），即为终点。平行标定 3 次，计算 EDTA 标准溶液的准确浓度。

2. 自来水总硬度的测定

移取水样 100 mL 于 250 mL 锥形瓶中，加入 1～2 滴 1:1 HCl 并微沸数分钟以除去 CO_2，冷却后，分别加入 3 mL 1:1 三乙醇胺（若水样中含有重金属离子，则加入 1 mL 质量分数为 2% 的 Na_2S 溶液掩蔽）、5 mL 氨性缓冲溶液、2～3 滴铬黑 T（EBT）指示剂，待 EDTA 标准溶液滴定至溶液由紫红色变为纯蓝色，即为终点。注意，接近终点时应慢滴多摇。平行测定 3 次，计算水的总硬度，以 mg/L（$CaCO_3$）表示分析结果。

钙硬度和镁硬度的测定：取水样 100 mL 于 250 mL 锥形瓶中，加入 2 mL 6 mol/L NaOH 溶液，摇匀，再加入 0.01 g 钙指示剂，摇匀后用 0.005 mol/L EDTA 标准溶液滴定至溶液由酒红色变为纯蓝色即为终点。此时可计算钙硬度，然后由总硬度和钙硬度求出镁硬度。

五、数据处理

1. 钙标准溶液标定 EDTA 标准溶液

请将实验结果填入表 3–10。

表 3–10　标准溶液标定 EDTA 标准溶液

滴定编号	1	2	3
$c_{Ca^{2+}}$			
$V_{Ca^{2+}}$/mL			
V_{EDTA}/mL			
c_{EDTA}/(mol·L^{-1})			
c_{EDTA}平均值/(mol·L^{-1})			
相对平均偏差			
相对标准偏差			

2. 水的总硬度

请将实验结果填入表 3–11。

表 3–11　水的总硬度测定

滴定编号	1	2	3
V_{EDTA}/mL			
$V_{水样}$/mL			
总硬度/度			
总硬度平均值			
相对平均偏差			
相对标准偏差			

六、注意事项

（1）储存 EDTA 标准溶液应选用聚乙烯瓶或硬质玻璃瓶，以免 EDTA 溶液与玻璃中的金属离子作用。

（2）配合反应为分子反应，反应速度不如离子反应快，故在接近终点时，滴定速度不宜太快。

七、思考题

（1）为什么滴定 Ca^{2+}、Mg^{2+} 总量时要控制 pH≈10，而滴定 Ca^{2+} 分量时要控制 pH 为 12～13？当 pH＞13 时，测 Ca^{2+} 对结果有何影响？

（2）如果只有铬黑 T 指示剂，能否测定 Ca^{2+} 的含量？若可以，则应如何测定？

（3）什么样的水样应加入 Mg-EDTA 溶液，Mg-EDTA 的作用是什么？对测定结果有无影响？

（4）掩蔽 Al^{3+} 和 Fe^{3+} 要在什么情况下加入，为什么？为什么掩蔽剂要在指示剂之前加入？

实验 3–6　铅铋混合液中 Pb^{2+}、Bi^{3+} 含量的连续测定

一、实验目的

（1）进一步熟练滴定操作和滴定终点的判断。

（2）掌握 Pb^{2+}、Bi^{3+} 的测定原理、方法和计算方法。

二、实验原理

Bi^{3+}、Pb^{2+} 均能与 EDTA 形成稳定的络合物，其 lg$K$ 值分别为 27.94 和 18.04，两者稳定性相差很大（$\Delta pK=9.90＞6$）。因此，可以用控制酸度的方法在一份试液中连续滴定 Bi^{3+} 和 Pb^{2+}。在测定过程中，均以二甲酚橙（XO）作指示剂，XO 在 pH＜6 时呈黄色，在 pH＞6.3 时呈红色；而它与 Bi^{3+}、Pb^{2+} 所形成的络合物呈紫红色，该络合物的稳定性与 Bi^{3+}、Pb^{2+} 和 EDTA 所形成的络合物相比要低，且 KBi-XO＞KPb-XO。

测定时，先用 HNO_3 调节溶液 pH=1.0，用 EDTA 标准溶液滴定溶液使其由紫红色突变为亮黄色，即为滴定 Bi^{3+} 的终点；然后加入六次甲基四胺溶液，使溶液 pH 为 5～6，此时 Pb^{2+} 与 XO 形成紫红色络合物；最后用 EDTA 标准溶液滴定至溶液由紫红色突变为亮黄色，即为滴定 Pb^{2+} 的终点。

三、仪器与试剂

1. 仪器

（1）烧杯。

（2）表面皿。

（3）滴定管。

（4）移液管。

（5）锥形瓶。

2. 试剂

（1）0.02 mol/L EDTA 标准溶液。

（2）HNO_3 0.10 mol/L。

（3）六次甲基四胺溶液 200 g/L。

（4）铅铋混合液：Bi^{3+} 和 Pb^{2+} 的含量均为 0.010 mol/L。

（5）0.15 mol/L HNO_3。

（6）2 g/L 的二甲酚橙水溶液。

（7）NH_3-NH_4Cl 缓冲溶液。

（8）铬黑 T 指示剂（质量百分比为 0.5%）。

四、实验步骤

1. EDTA 标准溶液的标定

准确称取在 120 ℃烘干的碳酸钙 0.5～0.55 g 1 份，置于 250 mL 的烧杯中，用少量蒸馏水润湿，盖上表面皿，缓慢加 1:1 HCl 10 mL，将加热溶解定量地转入容积为 250 mL 的容量瓶中，定容后摇匀。吸取 25 mL，注入锥形瓶中，分别加入 20 mL NH_3-NH_4Cl 缓冲溶液、铬黑 T 指示剂 2～3 滴，用欲标定的EDTA标准溶液滴定到由紫红色变为纯蓝色,即为终点,计算EDTA标准溶液的准确浓度。

2. 铅铋混合液中 Pb^{2+}、Bi^{3+}含量的连续测定

用移液管移取 25.00 mL 铅铋混合液于 250 mL 锥形瓶中,分别加入 10 mL 0.10 mol/L HNO_3、2 滴二甲酚橙,用 EDTA 标准溶液滴定溶液由紫红色突变为亮黄色,即为终点,记为 V_1(mL);然后加入 10 mL 200 g/L 六次甲基四胺溶液,溶液变为紫红色,继续用 EDTA 标准溶液滴定溶液由紫红色突变为亮黄色,即为终点,记为 V_2(mL)。平行测定 3 份,计算混合液中 Bi^{3+} 和 Pb^{2+}的含量(mol/L)及 V_1/V_2 的值。

注:因 Bi^{3+}易水解,开始配制混合液时所含的 HNO_3 浓度较高,故临使用前应先加水样稀释至 0.15 mol/L 左右。

五、数据处理

1. EDTA 标准溶液的浓度

请将实验数据及结果填入表 3–12。

表 3–12　EDTA 标准溶液浓度的测定

滴定编号	1	2	3	4	5	6
初始读数/mL						
终点读数/mL						
V_{EDTA}/mL						
c_{EDTA}/(mol·L^{-1})						
c_{EDTA} 平均值/(mol·L^{-1})						
偏差						
平均偏差						
相对平均偏差						
标准偏差						

2. Bi^{3+}的含量

请将实验数据及结果填入表 3-13。

表 3-13　Bi^{3+}含量的测定

滴定编号	1	2	3	4
初始读数/mL				
终点读数/mL				
V_{EDTA}/mL				
含量/(mol·L^{-1})				
平均含量				
偏差				
平均偏差				
相对平均偏差				
标准偏差				

3. Pb^{2+}的含量

请将实验数据及结果填入表 3-14。

表 3-14　Pb^{2+}含量的测定

滴定编号	1	2	3	4
初始读数				
终点读数				
V_{EDTA}				
含量				
平均含量				
偏差				
平均偏差				
相对平均偏差				
标准偏差				

六、思考题

（1）按本实验操作时，滴定 Bi^{3+} 的起始酸度是否超过滴定 Bi^{3+} 的最高酸度？滴定至 Bi^{3+} 的终点时，溶液中的酸度为多少？此时，若再加入 10 mL 200 g/L 六亚四基四胺，则溶液的 pH 约为多少？

（2）能否取等量混合试液两份，一份控制 pH≈1.0 来滴定 Bi^{3+}，另一份控制 pH 为 5～6 来滴定 Pb^{2+}、Bi^{3+} 总量？为什么？

（3）在滴定 Pb^{2+} 时，为什么要用六亚四基四胺而非醋酸钠来调节溶液 pH？

实验 3–7　铝合金中铝含量的测定

一、实验目的

（1）了解返滴定法和置换滴定法。
（2）通过分析复杂物质，提高分析问题、解决问题的能力。
（3）了解铝合金中铝含量的测定方法和原理。

二、实验原理

Al^{3+} 离子易水解形成多核羟基络合物，且在较低酸度时，可与 EDTA 形成羟基络合物，同时 Al^{3+} 与 EDTA 络合速度较慢，在较高酸度下煮沸则容易络合完全，故一般采用返滴定法或置换滴定法测定铝。

返滴定法是在铝合金溶液中加入定量且过量的 EDTA 标准溶液，在 pH 为 3～4 时煮沸几分钟，使 Al^{3+} 与 EDTA 配位滴定完全，继而在 pH 为 5～6 时，以二甲酚橙为指示剂，用锌标准溶液返滴定过量的 EDTA 标准溶液而得到铝的含量。但是，返滴定法测定铝缺乏选择性，Mg^{2+}、Cu^{2+}、Zn^{2+} 等离子能与 EDTA 形成稳定配合物的离子会对分析产生干扰。对于像铝合金、硅酸盐、水泥和炉渣等复杂试样中的铝，往往采用置换滴定法来提高选择性。

在采用置换滴定法时，先调节 pH 值为 3～4，加入过量的 EDTA 标准溶液，煮沸，使 Al^{3+} 与 EDTA 络合，冷却后，再调节溶液的 pH 为 5～6，以二甲酚橙为指示剂，用 Zn^{2+} 盐溶液滴定过量的 EDTA 标准溶液（不计体积）。然后，加入过量的 NH_4F，加热至沸腾，使 AlY^- 与 F^- 之间发生置换反应，并释放出与 Al^{3+} 等物质的量的 EDTA，即

$$AlY^- + 6F^- + 2H^+ = AlF_6^{3-} + H_2Y^{2-}$$

释放出来的 EDTA，用 Zn^{2+} 盐标准溶液滴定至紫红色，即为终点。

试样中如含 Ti^{4+}、Zr^{4+}、Sn^{4+} 等离子，则也会同时被滴定，这会对 Al^{3+} 离子的测定造成干扰，但对 Mg^{2+}、Cu^{2+}、Zn^{2+} 等离子的测定无干扰。

三、仪器与试剂

1. 仪器

（1）烧杯。

（2）塑料杯。

（3）表面皿。

（4）容量瓶。

（5）锥形瓶。

（6）滴定管。

2. 试剂

（1）NaOH（200 g/L）。

（2）HCl（1:1）。

（3）EDTA 溶液（0.02 mol/L）。

（4）氨水（1:1）。

（5）六次甲基四胺（200 g/L）。

（6）锌标准溶液（约 0.02 mol/L）。

（7）NH_4F 溶液（200 g/L，塑料瓶）试样。

四、实验步骤

1. 200 g/L NaOH 溶液的配制

配制浓度为 200 g/L 的 NaOH 溶液。

2. 铝合金的分解与处理

称取 0.20～0.25 g 铝合金于 50 mL 塑料烧杯中，加入 10 mL 200 g/L NaOH 溶液，并立即盖上表面皿，待试样溶解后（必要时水浴加热），用少量水冲洗表面皿，然后滴加 HCl（1:1）至有絮状沉淀产生，再多加 10 mL HCl（1:1）。将溶液定量转移至 250 mL 容量瓶中，稀释至刻度，摇匀。

3. 锌标准溶液的配制

称取 0.15～0.20 g 基准锌片于 100 mL 烧杯中，盖上表面皿，从烧杯嘴处加 5 mL HCl（1:1），待完全溶解后，用少量水冲洗表面皿，定容于 250 mL 容量瓶中，备用。

4. 样品铝含量的测定

吸取试液 25.00 mL 于 250 mL 锥形瓶中，加入 30 mL 0.02 mol/L EDTA 标准溶液，二甲酚橙指示剂 2 滴，用氨水（1:1）调至溶液恰呈红色（中和分解时的过量酸的 pH 为 7～8，红色为二甲酚橙在此酸度的本色），然后滴加 HCl（1:1）使溶液再变为黄色（二甲酚橙在酸性条件下的本色），将溶液煮沸 3 min 左右（即待 Al 和 EDTA 充分反应后），冷却，加入六次甲基四胺溶液 20 mL（调节 pH 为 5～6），此时溶液应呈黄色（pH 为 5～6，有过量 EDTA），如不呈黄色，则可用 HCl（1:1）调节，再补加二甲酚橙指示剂 2 滴，用锌标准溶液滴定至溶液从黄色刚好变为紫红色（紫红色为 Zn-二甲酚橙配合物颜色，此时不计体积）。加入 NH_4F 溶液 10 mL，将溶液加热至微沸（置换反应发生），流水冷却，再补加二甲酚橙指示剂 2 滴，此时溶液应呈黄色，若溶液呈红色，应滴加 HCl（1:1）使溶液呈黄色，再用锌标准溶液滴定至溶液由黄色变为紫红色，即为终点。根据消耗的锌溶液的体积，计算 Al 的百分含量。

五、数据处理

根据滴定所耗体积计算 Al 的含量，将结果与铝合金中所标示的含量进行对比分析。

请将实验数据及结果填入表 3–15。

表 3–15 Al 含量的测定

实验	铝合金质量/g	消耗锌标准溶液的体积/mL	Al 含量/%	平均含量/%

六、注意事项

（1）在用 EDTA 标准溶液和 Al 反应时，EDTA 标准溶液应该过量，否则反应不完全。

（2）在加入二甲酚醛指示剂后，如果溶液为紫红色，则可能是样品含量过高、EDTA 量不足导致的，应该补加二甲酚醛指示剂。

（3）第 1 次加入锌标准溶液时，应准确滴定至紫红色，但不计体积。

（4）第 2 次用锌标准溶液滴定时则应该准确滴定至紫红色，并以此体积计算 Al 含量。

七、思考题

（1）为什么测定简单试样中的 Al^{3+} 用返滴定法即可，而测定复杂试样中的 Al^{3+} 需采用置换滴定法？

（2）用返滴定法测定简单试样中的 Al^{3+} 时，加入过量 EDTA 标准溶液时，其浓度是否必须准确？为什么？

（3）本实验中使用的 EDTA 标准溶液要不要标定？

（4）为什么加入过量 EDTA 标准溶液后，第 1 次用锌标准溶液滴定时，可以不计所消耗的体积？但此时是否须准确滴定溶液由黄色变为紫红色？为什么？

实验 3-8　KMnO₄标准溶液的配制和标定

一、实验目的

（1）了解 KMnO₄ 标准溶液的配制方法和保存条件。

（2）掌握采用 $Na_2C_2O_4$ 作基准物质标定 KMnO₄ 标准溶液的方法。

二、实验原理

市售的 KMnO₄ 试剂常含有少量 MnO_2 和其他杂质，如硫酸盐、氯化物及硝酸盐等；另外，蒸馏水中常含有少量的有机物质，能使 KMnO₄ 还原，且还原产物能促进 KMnO₄ 自身分解，其分解方程式为

$$4MnO_4^- + 2H_2O = 4\ MnO_2 + 3O_2\uparrow + 4OH^-$$

KMnO₄ 见光时分解速度会变快。因此，KMnO₄ 的浓度容易改变，不能用直接法配制准确浓度的 KMnO₄ 标准溶液，必须正确的配制和保存，如果长期使用则必须定期进行标定。标定 KMnO₄ 标准溶液的基准物质较多，有 As_2O_3、$H_2C_2O_4 \cdot 2H_2O$、$Na_2C_2O_4$ 和纯铁丝等。其中以 $Na_2C_2O_4$ 最常用，$Na_2C_2O_4$ 不含结晶水，不易吸湿，易纯制，性质稳定。用 $Na_2C_2O_4$ 标定 KMnO₄ 标准溶液的反应为

$$2MnO_4^- + 5C_2O_4^{2-} + 16H^+ = 2Mn^{2+} + 10CO_2\uparrow + 8H_2O$$

滴定时利用 MnO_4^- 本身的紫红色指示终点，称为自身指示剂。

三、仪器与试剂

1. 仪器

（1）台秤。

（2）分析天平。

（3）小烧杯。

（4）大烧杯（1 000 mL）。

（5）酒精灯。

（6）棕色细口瓶。

（7）微孔玻璃漏斗。

2. 试剂

（1）$KMnO_4$（分析纯）。

（2）$Na_2C_2O_4$（分析纯）。

（3）3 mol/L H_2SO_4。

四、实验步骤

1. $KMnO_4$ 标准溶液的配制

在台秤上称量 1.0 g 固体 $KMnO_4$，置于大烧杯中，加水至 300 mL（由于要煮沸时水会蒸发，故可适当多加些水），煮沸约 1 h，静置冷却后用微孔玻璃漏斗或玻璃棉漏斗过滤，滤液装入棕色细口瓶中，贴上标签，1 周后标定，保存备用。

2. $KMnO_4$ 标准溶液的标定

用 $Na_2C_2O_4$ 溶液标定 $KMnO_4$ 标准溶液。

准确称取 0.13～0.16 g 基准物质 $Na_2C_2O_4$ 3 份，分别置于 250 mL 锥形瓶中，加约 30 mL 蒸馏水和 3 mol/L H_2SO_4 10 mL，盖上表面皿，在石棉铁丝网上慢慢加热到 70～80 ℃（刚开始冒蒸气的温度），趁热用 $KMnO_4$ 溶液滴定。开始滴定时反应速度慢，待溶液中产生 Mn^{2+} 后，滴定速度可适当加快，直到溶液呈现微红色并持续 30 s 不褪色即为终点。根据 $Na_2C_2O_4$ 的质量和消耗 $KMnO_4$ 标准溶液的体积计算 $KMnO_4$ 标准溶液的浓度。用同样的方法滴定其他 2 份 $Na_2C_2O_4$ 溶液，相对平均偏差应在 0.2%以内。

五、数据处理

请将实验数据及结果填入表 3-16。

表 3-16 KMnO₄ 含量的测定

项 目	1	2	3
Na₂C₂O₄ 的质量/g			
滴定管终读数/mL			
滴定管初读数/mL			
KMnO₄ 标准溶液体积/mL			
KMnO₄ 标准溶液浓度/（mol·L⁻¹）			
KMnO₄ 标准溶液平均浓度/（mol·L⁻¹）			
相对偏差			
相对平均偏差			

六、注意事项

（1）蒸馏水中常含有少量的还原性物质，使 $KMnO_4$ 还原为 $MnO_2\cdot nH_2O$。市售 $KMnO_4$ 内含的细粉状的 $MnO_2\cdot nH_2O$ 能加速 $KMnO_4$ 的分解，故通常将 $KMnO_4$ 溶液煮沸一段时间，待冷却后，放置 2～3 天，使之充分作用，再将沉淀物过滤除去。

（2）在室温条件下，$KMnO_4$ 与 $C_2O_4^{2-}$ 反应缓慢，故可通过加热来提高反应速度。但温度又不能太高，如温度超过 85 ℃则有部分 $H_2C_2O_4$ 分解，反应式为

$$H_2C_2O_4 \Longrightarrow CO_2\uparrow + CO\uparrow + H_2O$$

（3）$Na_2C_2O_4$ 溶液的浓度在开始滴定时，约为 1 mol/L，在滴定终了时，约为 0.5 mol/L，这样能促使反应正常进行，并且防止 MnO_2 的形成。滴定过程如果发生棕色浑浊（MnO_2），则应立即加入 H_2SO_4 补救，使棕色浑浊消失。

（4）在开始滴定时，反应很慢，在第 1 滴 $KMnO_4$ 还没有完全褪色以前，不可加入第 2 滴。当反应生成能使反应加速进行的 Mn^{2+} 后，可以适当加快滴定速度，但若滴定速度过快，局部 $KMnO_4$ 就会因浓度过大而分解，放出 O_2 或引起杂质的氧化，从而造成误差。

　　如果滴定速度过快，部分 $KMnO_4$ 将来不及与 $Na_2C_2O_4$ 反应，此时按下式分解

$$4MnO_4^-+4H^+ \rule[0.5ex]{1.5em}{0.4pt}\rule[0.5ex]{1.5em}{0.4pt} 4MnO_2+3O_2\uparrow+2\,H_2O$$

　　（5）$KMnO_4$ 标准溶液滴定时的终点较不稳定，当溶液出现微红色且在 30 s 内不褪时，就可认为滴定已经完成。如果对终点有疑问，则可先将滴定管读数记下，再加入 1 滴 $KMnO_4$ 标准溶液，发生紫红色即证实已达到终点。注意，滴定不能超过计量点。

　　（6）$KMnO_4$ 标准溶液应放在酸式滴定管中，由于 $KMnO_4$ 标准溶液颜色很深，液面凹下弧线不易看出，因此，应该从液面最高边上读数。

七、思考题

　　（1）配制好的 $KMnO_4$ 溶液应储存在棕色试剂瓶中，滴定时则应盛放在酸式滴定管中，为什么？如果盛放时间较长，壁上就会出现棕褐色物质，这棕褐色物质是什么？如何清洗除去？

　　（2）用 $Na_2C_2O_4$ 标定 $KMnO_4$ 标准溶液时，为什么需在 H_2SO_4 介质中进行？可以用 HNO_3 或 HCl 调节酸度吗？

　　（3）用 $Na_2C_2O_4$ 标定 $KMnO_4$ 标准溶液时，为什么要加热到 70～80 ℃？溶液温度过高或过低有何影响？

　　（4）在标定 $KMnO_4$ 标准溶液时，为什么第 1 滴 $KMnO_4$ 标准溶液加入后溶液红色褪去很慢，而后红色褪去越来越快？

　　（5）在标定 $KMnO_4$ 标准溶液时，开始加入 $KMnO_4$ 标准溶液的速度太快，会造成什么后果？

实验 3–9　$KMnO_4$ 法测定双氧水中 H_2O_2 含量

一、实验目的

　　（1）掌握 $KMnO_4$ 法测定双氧水中 H_2O_2 含量的原理和方法。

（2）在用 $KMnO_4$ 标准溶液滴定 H_2O_2 溶液时，学会控制滴定速度（先慢后快，终点前慢）。

（3）了解自动催化反应。

（4）学会使用 $KMnO_4$ 指示剂。

二、实验原理

H_2O_2 具有还原性，在酸性介质中和室温条件下能被 $KMnO_4$ 定量氧化，其反应方程式为

$$2MnO_4^- + 5H_2O_2 + 6H^+ = 2Mn^{2+} + 5O_2\uparrow + 8H_2O$$

在室温条件下，开始时的反应比较缓慢，之后，反应会随着 Mn^{2+} 的生成而加速。H_2O_2 加热时易分解，因此，滴定时通常加入 Mn^{2+} 作催化剂。

三、仪器与试剂

1. 仪器

（1）烧杯。

（2）棕色瓶。

（3）容量瓶。

（4）移液管。

（5）滴定管。

2. 试剂

（1）0.02 mol/L $KMnO_4$ 标准溶液。

（2）3 mol/L H_2SO_4 溶液。

（3）1 mol/L $MnSO_4$ 溶液。

（4）H_2O_2 试样（市售质量分数约为 30% 的 H_2O_2 水溶液）。

四、实验步骤

1. 0.01 mol/L $KMnO_4$ 溶液的配制与标定

（1）配制。称取 $KMnO_4$ 固体约 0.8 g 溶于 250 mL 水中，盖上表面皿，加

热至沸腾并保持微沸状态 30 s 后，冷却，储存于棕色试剂瓶中。

（2）标定。准确称取 0.15~0.20 g $Na_2C_2O_4$（基准物质）3 份，分别置于 250 mL 的锥形瓶中，加入 60 mL 水使之溶解。然后，加入 15 mL H_2SO_4，并在水浴上加热到 75~85 ℃，趁热用 $KMnO_4$ 溶液滴定。开始滴定时反应速度缓慢，待溶液中产生 Mn^{2+}后，可加快滴定速度可加快，直到溶液呈现微红色并保持 30 s 不褪色即为终点。

2. H_2O_2 含量测定

用移液管移取 H_2O_2 试样 2.00 mL，置于 250 mL 容量瓶中，加水稀释至刻度，充分摇匀，备用。用移液管移取稀释过的 H_2O_2 20.00 mL 于 250 mL 锥形瓶中，加入 3 mol/L H_2SO_4 5 mL，用 $KMnO_4$ 标准溶液滴定到溶液呈微红色，30 s 不褪即为终点。平行测定 3 次，计算试样中 H_2O_2 的质量浓度（g/L）和相对平均偏差。

注：若 H_2O_2 试样为工业产品，则不适合用 $KMnO_4$ 法测定，因为产品中常加有少量乙酰苯胺等有机化合物作稳定剂，这些稳定剂在滴定时也将被 $KMnO_4$ 氧化，从而引起误差，此时应用采用碘量法或硫酸铈法进行测定。

五、思考题

（1）用 $KMnO_4$ 法测定 H_2O_2 浓度时，能否用硝酸或盐酸调节酸度？

（2）用 $KMnO_4$ 法测定 H_2O_2 浓度时，为何不能通过加热来加速反应？

实验 3–10　I_2 标准溶液和 $Na_2S_2O_3$ 标准溶液的配制及标定

一、实验目的

（1）掌握 I_2 标准溶液和 $Na_2S_2O_3$ 标准溶液的配制方法和保存条件。

（2）学习标定 I_2 标准溶液和 $Na_2S_2O_3$ 标准溶液浓度的原理和方法。

（3）掌握直接碘量法和间接碘量法的测定条件。

二、实验原理

直接碘量法是利用 I_2 的氧化性和 I^- 的还原性来进行测定的方法。碘量法中使用的标准溶液有 I_2 标准溶液和 $Na_2S_2O_3$ 标准溶液两种。

1. I_2 标准溶液的配制及标定

可直接用基准试剂来配制准确浓度的 I_2 标准溶液，也可以先用普通试剂配制为粗略浓度 I_2 溶液，再进行标定。

I_2 微溶于水，易溶于 KI 溶液，但在稀的 KI 溶液中溶解很慢。因此配制 I_2 标准溶液时，不能过早地加水稀释，应先将 I_2 与 KI 混合，用少量水充分研磨，溶解完后再加水稀释至所需体积，储存在棕色瓶中。在标定 I_2 标准溶液浓度时，既可用已标定好的 $Na_2S_2O_3$ 标准溶液来标定，也可用 As_2O_3 来标定。As_2O_3 有剧毒，难溶于水，但可溶于碱溶液中，发生下列反应

$$As_2O_3 + 6OH^- = 2AsO_3^{3-} + 3H_2O$$

AsO_3^{3-} 与 I_2 溶液发生下列反应

$$AsO_3^{3-} + I_2 + H_2O \Longleftrightarrow AsO_4^{3-} + 2I^- + 2H^+$$

该反应是可逆的，随着反应的进行以及溶液酸度的增加，反应将向反方向进行。因此必须向溶液中加入过量的 $NaHCO_3$，使其 pH 保持在 8 左右，此时的实际滴定反应为

$$AsO_3^{3-} + I_2 + 2HCO_3^- = AsO_4^{3-} + 2I^- + 2CO_2\uparrow + H_2O$$

此反应能定量进行。

2. $Na_2S_2O_3$ 标准溶液的配制及标定

$Na_2S_2O_3 \cdot 5H_2O$（硫代硫酸钠）一般都含有少量的杂质，且易风化，因此不能直接配制准确浓度的该溶液。又因为 $Na_2S_2O_3$ 标准溶液易受空气和微生物等的作用而分解，所以配制 $Na_2S_2O_3$ 标准溶液时需要用新煮沸并冷却的去离子水，再加入少量 Na_2CO_3（浓度约为 0.02%）使溶液呈碱性，以抑制细菌的再生长。另外，由于日光会促进 $Na_2S_2O_3$ 的分解，因此 $Na_2S_2O_3$ 标准溶液应储存于棕色瓶中，放置于暗处，经过一周后标定。长期使用的溶液，应定期标定。

通常用 $K_2Cr_2O_7$（重铬酸钾）作基准物质，应用间接碘量法来标定 $Na_2S_2O_3$ 标准溶液的浓度。在酸性介质中 $K_2Cr_2O_7$ 与 KI 发生反应析出 I_2，即

$$Cr_2O_7^{2-}+6I^-+14H^+ == 2Cr^{3+}+3I_2+7H_2O$$

析出的 I_2 用 $Na_2S_2O_3$ 标准溶液滴定，反应为

$$I_2+2S_2O_3^{2-} == S_4O_6^{2-}+2I^-$$

$K_2Cr_2O_7$ 与 KI 反应时，溶液的酸度越大，反应速度越快，但酸度太大时，I^- 容易被空气中的 O_2 氧化，所以酸度一般以 0.2～0.4 mol/L 为宜。同时加入过量 KI，储存于碘瓶或磨口锥形瓶中（塞好磨口塞），在暗处放置一定时间，待反应完全后，再进行滴定。但在滴定前需将溶液稀释以降低酸度，以防止 $Na_2S_2O_3$ 在滴定过程中遇强酸而分解。

三、仪器与试剂

1. 仪器

（1）分析天平。

（2）碱式滴定管（50 mL）。

（3）移液管（25 mL）。

（4）容量瓶（250 mL）。

（5）常用玻璃仪器若干。

2. 试剂

（1）As_2O_3（基准试剂）。

（2）$K_2Cr_2O_7$（基准试剂）。

（3）I_2（g）。

（4）$Na_2S_2O_3 \cdot 5H_2O$（g）。

（5）Na_2CO_3（g）。

（6）HCl（2.0 mol/L）。

（7）$NaHCO_3$（g）。

（8）KI（10%）。

（9）酚酞溶液（1%）。

（10）淀粉溶液（1.0%）。

（11）NaOH（6.0 mol/L）。

四、实验步骤

1. 配制 0.05 mol/L I_2 标准溶液的步骤

在台秤上称取 6.5 g I_2 和 20 g KI 于小烧杯中，加入少许去离子水，搅拌至 I_2 全部溶解后，加水稀释至 500 mL，摇均匀后将其转入棕色瓶中，放置过夜再标定。

2. 配制 0.1 mol/L $Na_2S_2O_3$ 溶液的步骤

在台秤上称取 12.5 g $Na_2S_2O_3 \cdot 5H_2O$ 于小烧杯中，加入新煮沸并已冷却的去离子水 500 mL，摇均匀后将其转入棕色瓶中，暗处放置一周后再标定。

3. 0.05mol/L I_2 溶液浓度的标定步骤

（1）用 As_2O_3 标定 I_2 溶液（As_2O_3 的毒性很大，不建议使用本法）。在分析天平上称取干燥的 As_2O_3（基准物质）0.60～0.80 g（精确至 0.1 mg）于小烧杯中，加 6 mL 浓度为 6.0 mol/L 的 NaOH 溶液；待该溶液温热溶解后，加 2 滴酚酞指示剂，用 6.0 mol/L HCl 溶液中和至红色刚好褪去，然后加入 2 g $NaHCO_3$，搅拌溶解后，将溶液定量转移到 150 mL 的容量瓶中，稀释至刻度，摇匀。用 25 mL 移液管移取稀释液于 250 mL 的洁净的锥形瓶中，加入 20～30 mL 的去离子水和 5 g $NaHCO_3$，再加 1 mL 淀粉溶液，用 I_2 标准溶液滴定到溶液呈蓝色且 30 s 不褪色即为终点，记录消耗 I_2 溶液的体积，平行测试 3 次，极差应小于 0.05 mL。根据 As_2O_3 的质量和消耗 I_2 溶液的体积，计算 I_2 标准溶液的浓度。

（2）用 $Na_2S_2O_3$ 标准溶液标定 I_2 标准溶液。用 25 mL 移液管移取 $Na_2S_2O_3$ 标准溶液于 250 mL 的洁净锥形瓶中，加入 20～30 mL 的去离子水和 1 mL 淀粉溶液，用 I_2 标准溶液滴定至溶液呈蓝色且 30 s 不褪色即为终点，记录消耗 I_2 标准溶液的体积。平行测定 3 次，极差应小于 0.05 mL。根据 $Na_2S_2O_3$ 标准溶液的浓度和消耗 I_2 标准溶液的体积，计算 I_2 标准溶液的浓度。

（3）0.1 mol/L $Na_2S_2O_3$ 标准溶液浓度的标定。在分析天平上准确称取

K$_2$Cr$_2$O$_7$（基准物质）0.6~0.9 g（精确至 0.1 mg）于小烧杯中，加 30 mL 去离子水溶解后，定量转移到 250 mL 容量瓶中，稀释至刻度，摇均匀。用 25 mL 移液管移取稀释液于 250 mL 的洁净锥形瓶中，加入 20 mL 质量分数为 10% 的 KI 溶液和 5 mL 6.0 mol/L 的 HCl 溶液，摇均匀后盖上表面皿，在暗处放置 5 min。然后加 50 mL 去离子水稀释，用 Na$_2$S$_2$O$_3$ 标准溶液滴定至溶液为黄绿色时，加入 1 mL 淀粉溶液，继续用 Na$_2$S$_2$O$_3$ 标准溶液滴定到蓝色褪去即为终点，记录消耗 Na$_2$S$_2$O$_3$ 标准溶液的体积，平行测定 3 次，极差应小于 0.05 mL。根据 K$_2$Cr$_2$O$_7$ 的质量和消耗 Na$_2$S$_2$O$_3$ 标准溶液的体积，计算 Na$_2$S$_2$O$_3$ 标准溶液的浓度。

五、思考题

（1）用 As$_2$O$_3$ 作基准物质标定 I$_2$ 标准溶液时，为什么要加入固体 NaHCO$_3$？能否用 Na$_2$CO$_3$ 代替，为什么？

（2）用 K$_2$Cr$_2$O$_7$ 作基准物质标定 Na$_2$S$_2$O$_3$ 标准溶液时，为什么要加入过量的 KI 和 HCl 溶液？为什么要放置一定时间后才能加水稀释？为什么在滴定前还要加水稀释？

实验 3–11　间接碘量法测定铜盐中的铜

一、实验目的

（1）掌握间接碘量法测定铜盐中铜的原理和方法。

（2）掌握 Na$_2$S$_2$O$_3$ 标准溶液的配制和标定方法。

二、实验原理

在乙酸酸性溶液中，Cu^{2+} 与过量的 KI 反应，析出的 I$_2$ 用 Na$_2$S$_2$O$_3$ 标准溶液滴定，用淀粉作指示剂，反应为

$$2Cu^{2+}+4I^- \Longrightarrow 2CuI\downarrow+I_2 \quad I_2+2S_2O_3^{2-} \Longrightarrow 2I^- +S_4O_6^{2-}$$

反应需加入过量的 KI，一方面可促使反应进行完全；另一方面形成 I_3^-，以增加 I_2 的溶解度。为了避免 CuI 沉淀吸附 I_2，造成结果偏低，需在接近终点（否则 SCN^- 将直接还原 Cu^{2+}）时加入 SCN^-，使 CuI 转化成溶解度更小的 CuSCN，释放出被吸附的 I_2。

溶液的 pH 一般控制在 3.0～4.0 之间，因为酸度过高，空气中的 O_2 会氧化 I_2（Cu^{2+} 对此氧化反应有催化作用）；而酸度过低，Cu^{2+} 可能水解，从而使反应不完全，反应速度变慢，达到终点的时间拖长。一般采用 NH_4F 缓冲溶液，一方面控制溶液酸度，另一方面也能掩蔽 Fe^{3+}，消除因 Fe^{3+} 氧化 I^- 而对测定造成的干扰。$Na_2S_2O_3 \cdot 5H_2O$ 一般会含有少量杂质（如 S、Na_2SO_3、Na_2SO_4、Na_2CO_3、NaCl 等），且容易风化和潮解，故需用间接法配制。$Na_2S_2O_3$ 易受水中溶解的 CO_2、O_2 和微生物的作用而分解，故应用新煮沸冷却的蒸馏水来配制；此外，$Na_2S_2O_3$ 在日光下、酸性溶液中极不稳定，在 pH=9～10 时较为稳定，所以在配制时还需加入少量 Na_2CO_3，配制好的标准溶液应储存于棕色瓶中并置于暗处保存。长期使用的 $Na_2S_2O_3$ 标准溶液要定期标定。通常用 $K_2Cr_2O_7$ 作基准物质标定 $Na_2S_2O_3$ 标准溶液的浓度，反应为

$$Cr_2O_7^{2-}+6I^-+14H^+ = 2Cr^{3+}+3I_2+7H_2O$$

析出的 I_2 再用 $Na_2S_2O_3$ 标准溶液滴定。

三、仪器与试剂

1. 仪器

（1）烧杯。

（2）玻璃棒。

（3）锥形瓶。

（4）棕色瓶。

（5）表面皿。

（6）滴定管。

（7）电子天平。

（8）电炉。

2. 试剂

（1）1 mol/L Na$_2$S$_2$O$_3$ 溶液：称取 12.5 gNa$_2$S$_2$O$_3$ · 5H$_2$O，用新煮沸并冷却的蒸馏水溶解；加入 0.1 gNa$_2$CO$_3$，用新煮沸并冷却的蒸馏水稀释至 500 mL，储存于棕色瓶中，并于暗处放置 7～14 d 后标定。

（2）0.5%淀粉溶液。

（3）6 mol/L HCl。

（4）20%KI 溶液。

（5）10%KSCN 溶液。

（6）0.1 mol/L Na$_2$S$_2$O$_3$ 标准溶液。

（7）0.02 mol/L K$_2$Cr$_2$O$_7$ 溶液。

（8）1 mol/L H$_2$SO$_4$ 溶液。

四、实验步骤

称取 CuSO$_4$ · 5H$_2$O 试样 0.5～0.6 g，置于 250 mL 的锥形瓶中，加入浓度为 1 mol/L 的 H$_2$SO$_4$ 溶液 5 mL，并加入蒸馏水 100 mL，溶解后，加入 20% KI 溶液 5 mL，立即用 0.1 mol/L Na$_2$S$_2$O$_3$ 标准溶液滴定至浅黄色，然后加入 5 mL 0.5%淀粉指示剂，滴定至浅蓝色，再加入 10 mL 10% KSCN 溶液，摇匀，待溶液颜色转深后，继续用 Na$_2$S$_2$O$_3$ 标准溶液滴定到蓝色刚好消失，此时溶液为米色或浅肉红色的 CuSCN 悬浊液。平行测定 3 次，计算 CuSO$_4$ · 5 H$_2$O 样品中铜的质量分数。

五、数据处理

测定数据及结果填入表 3–17 中。

表 3–17　铜盐中铜含量的测定

项　　目	1	2	3
试样质量/g			
滴定管初读数/mL			

续表

项　目	1	2	3
滴定管末读数/mL			
消耗 $Na_2S_2O_3$ 标准溶液的体积/mL			
$Na_2S_2O_3$ 标准溶液浓度/（mol·L^{-1}）			
试样中铜的质量分数/%			
试样中铜的平均质量分数/%			
相对平均偏差/%			

六、思考题

（1）当用间接碘量法测铜时，为何会加入 NH_4F 缓冲溶液？为什么临近终点加入 KSCN？

（2）已知电极电势 $\varphi(Cu^{2+}/Cu^{+})=0.159\ V$，$\varphi(I_2/I^-)=0.545\ V$，为何本实验中的 Cu^{2+} 能使 I^- 氧化为 I_2？

（3）能否用 HNO_3 分解铜合金试样？若可以，请写出反应方程式。

（4）在用间接碘量法测铜时，为何要在弱酸中进行？

（5）用纯铜标定 $Na_2S_2O_3$ 标准溶液时，如果用 HCl 溶液加双氧水分解铜，而 H_2O_2 未分解尽，那么这对标定 $Na_2S_2O_3$ 标准溶液的浓度有什么影响？

实验 3–12　纸层析法分离和鉴定氨基酸

一、实验目的

（1）了解纸层析法的使用原理。

（2）掌握用纸层析法分离蛋白质的操作步骤。

二、实验原理

1. 纸层析法

该法是以滤纸为惰性支持物的分配层析方法。滤纸上的纤维具有羟基，是亲水基团，滤纸吸附水作为固定相，其上流经的有机溶剂（即展层剂）作为流动相。当展层剂流经固定相时，固定相上的样品由于亲水、疏水能力不同而在两相之间不断分配，疏水能力强的多溶于流动相，随流动相移动距离较远，亲水能力强的则移动距离较近。

2. R 基团

所有氨基酸的 α 碳上均连接一个氢原子和两个亲水基团羧基（—COOH）与氨基（—NH$_2$），唯一的不同则在于 R 基团。因此 R 基团在氨基酸的亲水、疏水能力对比中起决定性作用。本实验采用丙氨酸、苯丙氨酸、天冬氨酸，其 R 基团分别是—CH$_3$，—CH$_2$—C$_6$H$_5$，—CH$_2$—COOH，这 3 个亲水基团的亲水、疏水能力迥异，能在滤纸上明显分开。

3. R_f 值

R_f 值表示原点中心至显色斑点中心的距离与原点中心至流动相前沿的距离比。在一定条件下，R_f 值为定值，其影响的因素有物质本身的性质、溶剂的性质、pH、温度、滤纸的性质等，本实验不予探究。在测量原点中心至显色斑点中心的距离时，由于斑点的形状不规范（近似圆形），所以，一般取斑点的重心，测量出重心与起点的距离即可。

R_f=原点到层析点中心的距离（X）/原点到溶剂前沿的距离（Y）

4. 显色原理

茚三酮在弱碱性溶液中与 α-氨基酸共热，引起氨基酸氧化脱氧，脱羧反应，最后茚三酮与反应产物——氨和还原茚三酮发生作用生成紫色物质。

三、仪器与试剂

1. 仪器

（1）层析缸。

（2）试管及试管架。

（3）培养皿。

（4）移液管。

（5）洗耳球。

（6）烧杯。

（7）滤纸。

（8）铅笔。

（9）直尺。

（10）毛细滴管。

（11）保鲜膜。

（12）细玻璃棒。

（13）电吹风。

（14）酒精灯。

（15）订书机。

（16）电子天平或分析天平。

（17）烘箱。

（18）量筒。

（19）薄膜手套：若干。

（20）称量纸：若干。

2. 试剂

（1）5 g/L 胱氨酸溶液。

（2）5 g/L 甘氨酸溶液。

（3）5 g/L 酪氨酸溶液。

3. 现配试剂

胱氨酸、甘氨酸、酪氨酸的混合液：将上述溶液等体积混合即可。

四、实验步骤

1. 展层剂的配制

（1）在 100 mL 烧杯中按照正丁醇:88%甲酸:蒸馏水=15:3:2 的体积比配制

展层剂（建议为 45 mL:9 mL:6 mL）。

（2）称取 0.05 g 茚三酮晶体，并用玻璃棒搅拌溶于展层剂中，盖上培养皿。

2. 点样

（1）在实验台上铺好保鲜膜，保鲜膜下面可以蘸少量水，使保鲜膜能与实验台面紧密贴合，此后所有操作都在保鲜膜上进行，不再赘述。

（2）在滤纸边的 2 cm 处用铅笔轻轻描出一条直线（此为展层起点线），在直线中间每隔 3 cm 用铅笔轻轻点一个点，共点 4 个点。再在另一边，距边缘 1 cm 处用铅笔轻描出一条直线（此为展层终点线）。

（3）用毛细滴管分别蘸取 3 个氨基酸标准液和氨基酸混合液，点样于展层起点线的 4 个点上。点完第 1 次后，用电吹风冷风吹干，再点第 2 次样。要求斑点半径不超过 3 mm。

（4）在标准样下面用铅笔做好标记，记录该点的氨基酸名称。

3. 平衡及展层

（1）将点好样的滤纸两侧边缘对齐但不接触，卷成筒形，并用订书机订 3～4 次，将圆筒固定。

（2）将培养皿先放入层析缸，再将培养皿先放入层析缸，再将圆筒竖直放入培养皿中，滤纸勿与皿壁接触，层析缸中加入平衡溶液 3 mL 左右，盖上层析缸的塞，平衡 30 min。

（3）用移液管吸取 10 mL 展层剂，打开层析缸上的塞子，将移液管下端尽量伸进培养皿底部，将展层剂加到培养皿中，拿出移液管，置于培养皿中，塞上层析缸的塞子。

（4）展层约 150 min，当溶剂前沿至展层终点线时，取出滤纸。

4. 显色及 R_f 值的计算

（1）将取出的滤纸用电吹风冷风吹干，并放入 65 ℃左右的烘箱中烘 10～20 min，滤纸上即显出紫红色/黄色斑点。

（2）取出烘完的滤纸，估计出斑点的重心，共 6 个点（3 个标准液，3 个由混合液分离出），并用铅笔轻轻点出。

（3）展层剂流动的距离 d_0=12 cm，用直尺测量出斑点中心到展层起点线的

距离 $d_1 \sim d_6$，计算 R_{fx}。其中，x=1，2，3，4，5，6。

（4）将电混合样分离出的斑点的 R_f 值与标准样的进行对比，从而认清各斑点的氨基酸种类，并在滤纸上标明。

五、注意事项

（1）在使用茚三酮显色法时，必须在整个层析操作中，避免手直接接触层析纸，因为手上含有少量含氮物质，而显色时含氮物质也呈现紫色斑点，从而污染层析结果。实验全程戴一次性薄膜手套，全套实验在铺在实验台上的薄膜上进行。原因：人的皮肤上含有含氮化合物，实验台上可能因未洗干净而残留其他氨基酸，这会沾染到滤纸上，对实验产生影响。

（2）用毛细滴管进行点样时，为保证点样半径足够小，应使毛细滴管内的液体高度低于 1 cm，并将毛细滴管内的液体迅速点在滤纸上。若毛细滴管内液体过高，则可以先将毛细滴管的液体点一部分于干净的卫生纸上，以降低管内液体高度。

（3）在通过移液管添加展层剂时，液体应缓慢放出，避免溅射到滤纸上。在拿出移液管时，也应该注意不要碰触滤纸。

（4）展层开始时不要使样品浸入展层剂中。

（5）吹风机吹干时切记用冷风吹干，以免温度过高使氨基酸变性。

六、思考题

（1）在实验中，作为固定相和流动相的物质分别是什么？

（2）R_f 值的含义及其影响因素是什么？

实验 3–13 食用白醋中醋酸浓度的测定

一、实验目的

（1）熟练掌握滴定管、容量瓶、移液管的使用方法和滴定操作技术。

（2）掌握 NaOH 标准溶液的配制和标定方法。

（3）了解强碱滴定弱酸的反应原理及指示剂的选择。

（4）学会食用白醋中总酸度的测定方法。

二、实验原理

醋酸为有机弱酸（$K_a=1.8\times10^{-5}$），用 NaOH 标准溶液滴定，在化学计量点时溶液呈弱碱性，滴定突跃在碱性范围内，选用酚酞作指示剂，以醋酸的质量浓度（g/mL）表示。

三、仪器与试剂

1. 仪器

（1）碱式滴定管（50 mL）。

（2）移液管（25 mL）。

（3）容量瓶（250 mL）。

2. 试剂

（1）白醋（市售）。

（2）0.1 mol/L NaOH 标准溶液。

（3）酚酞 2 g/L。

（4）乙醇溶液。

（5）邻苯二甲酸氢钾基准物质（在 100～125 ℃下干燥 1 h 后，置于干燥器内，备用）。

四、实验步骤

1. 0.1 mol·L⁻¹ NaOH 标准溶液的配制和标定

台秤上称取 4 g 固体 NaOH 于烧杯中，加入除去 CO_2 的蒸馏水，溶解完全后加水稀释至 1 L 混匀，转入带橡皮塞的试剂瓶中待标定。

用差减法称取邻苯二甲酸氢钾 3 份，并分别置于 250 mL 锥形瓶中，每份 0.4～0.6 g，加蒸馏水 40～50 mL，待试剂完全溶解后，加入 2～3 滴酚酞指示剂，用待标定的 NaOH 溶液滴定至呈微红色并保持 30 s 不褪即为终点。

计算 NaOH 溶液的浓度。要求测定的相对平均偏差≤0.2%。

2. 食用白醋中总酸度的测定

准确移取食用白醋 25.00 mL 于 250 mL 容量瓶中，用蒸馏水稀释至刻度摇匀。用 25 mL 移液管分别取 3 份上述溶液置于容积为 250 mL 的锥形瓶中，加入 2～3 滴酚酞指示剂，用 NaOH 标准溶液滴定至呈微红色并保持 30 s 不褪即为终点。计算每 100 mL 食用白醋中含醋酸的质量。

五、数据处理

1. 0.1 mol/L NaOH 标准溶液的标定

如表 3–18 所示，为标定 NaOH 标准溶液的实验记录。

表 3–18 NaOH 标准溶液的标定

编号	1	2	3
m_1（$KHC_8H_4O_4$+称量瓶的质量）/g			
m_2（$KHC_8H_4O_4$+称量瓶的质量）/g			
m（$KHC_8H_4O_4$）/g			
$V_{NaOH_{始}}$/mL			
$V_{NaOH_{终}}$/mL			
V_{NaOH}/mL			
$c_{NaOH_{始}}$/（mol·L^{-1}）			
$c_{NaOH_{终}}$/（mol·L^{-1}）			
相对平均偏差			

2. 食用白醋含量的测定

将白醋的测量记录填入表 3–19 中。

表3-19　白醋含量的测定

编号	1	2	3
V_{HAc}/mL	25.00	25.00	25.00
c_{NaOH}/（mol·L^{-1}）			
$V_{NaOH_{始}}$/mL			
$V_{NaOH_{终}}$/mL			
V_{NaOH}/mL			
c_{HAc}/（mol·L^{-1}）			
$c_{HAc 平均值}$/（mol·L^{-1}）			
相对平均偏差/%			
原溶液中 HAc 的质量浓度/（g·mL^{-1}）			

六、注意事项

（1）滴定管、移液管的操作要规范。

（2）所用蒸馏水不能含 CO_2。

七、思考题

（1）常用的用来标定 NaOH 标准溶液的基准物质有哪几种？

（2）应用什么天平称取 NaOH 和 $KHC_8H_4O_4$？为什么？

（3）在测定食用白醋含量时，为什么选用酚酞作指示剂？能否选用甲基橙或甲基红？

（4）强碱滴定弱酸与强碱滴定强酸相比，滴定过程中的 pH 变化有哪些不同？

实验 3–14　醋酸水溶液的萃取

一、实验目的

（1）掌握萃取的基本操作技术。

（2）了解液–液萃取的原理。

二、实验原理

液–液萃取是利用同一物质在两种互不相溶（或微溶）的溶剂中具有不同溶解度的性质，将其从一种溶剂转移到另一种溶剂中，从而达到分离或提纯的一种方法。

其理论根据是分配定律，即在一定温度下，同一种物质在两种互不相溶的溶剂中遵循如下分配原则

$$分配系数\ K = c_A / c_B$$

式中，c_A 为溶质在萃取剂中的溶度；c_B 为溶质在原溶液中的浓度。

分配定律适用的前提是所选用的溶剂 B 不与 X 起化学反应。依照分配定律，要节省溶剂而提高提取的效率，用一定量的溶剂一次加入溶液中萃取，则不如把这个量的溶剂分成几份做多次萃取好，具有公式如下

$$W_n = W_0 \left(\frac{KV_n}{KV + S} \right)^n$$

式中，W_n 为萃取 n 次后的剩余量；W_0 为在 V mL 的溶剂 A 中溶解的质量；K 为分配系数；S 为每次萃取时所采用的萃取剂溶剂的量，单位为 mL。

当用一定量的溶剂萃取时，总是希望在水中的剩余量越少越好，因此上式中 $\frac{KV}{KV + S} < 1$，所以 n 越大，W_n 越小；也就是说，把溶剂分成几份做多次萃取比用全部量的溶剂做一次萃取好。但必须注意，上面的式子只适用于几乎和水不互溶的溶剂，如苯、四氯化碳或氯仿等。对于与水有少量互溶的溶剂（如

乙醚等），上面的式子只是近似的，但也可以定性地指出预期的结果。若被萃取溶液的体积为 V，被萃取溶液中溶质的总质量为 W_0，每次萃取所用溶剂 B 的体积均为 S，经过 n 次萃取后溶质在溶剂 A 中的剩余质量为 W_n，则因为

$$\frac{KV}{KV+S}$$ 恒小于 1，所以 n 越大，W_n 越小。一般 $n=3\sim5$，即萃取 3～5 次。

三、仪器与试剂

1. 仪器

（1）分液漏斗。

（2）铁架台。

（3）量筒。

（4）移液管。

（5）碱式滴定管。

（6）250 mL 锥形瓶。

（7）50 mL 锥形瓶或烧杯。

2. 试剂

（1）冰醋酸与水的混合溶液（冰醋酸:水=1:19）。

（2）乙醚。

（3）0.2 mol/L NaOH。

（4）酚酞指示剂。

四、实验步骤

1. 一次萃取法

（1）用移液管准确量取 10 mL 冰醋酸与水的混合液放入分液漏斗中，用 30 mL 乙醚萃取。

（2）用右手食指将漏斗上端的玻璃塞顶住，用大拇指及食指中指握住漏斗，转动左手的食指和中指蜷握在活塞柄上，使振荡过程中的玻璃塞和活塞均夹紧，上下轻轻振荡分液漏斗，每隔几秒放气一次。

（3）将分液漏斗置于铁圈，当溶液分成两层后，小心旋开活塞，放出下层水溶液并置于容积为 50 mL 的锥形瓶或烧杯内。

（4）加入 3～4 滴酚酞作指示剂，用 0.2 mol/L NaOH 标准溶液滴定，记录用去 NaOH 标准溶液的体积。

计算：

① 留在水中的醋酸质量及质量分数。

② 留在乙醚中的醋酸质量及质量分数。

2. 多次萃取法

（1）准确量取 10 mL 冰醋酸与水的混合液于分液漏斗中，并用上述方法萃取 10 mL 乙醚，分去乙醚溶液。

（2）将水溶液再用 10 mL 乙醚萃取，分出乙醚溶液。

（3）将第 2 次剩余水溶液再用 10 mL 乙醚萃取，如此操作 3 次。

（4）用 0.2 mol/L 的 NaOH 标准溶液滴定水溶液。

计算：

① 留在水中的醋酸质量及质量分数。

② 留在乙醚中的醋酸量及质量分数。

五、注意事项

（1）萃取过程中要注意排气。

（2）使用分液漏斗前要检查玻璃塞和活塞是否紧密，使用前要先打开玻璃塞再开启活塞。

（3）漏斗向上倾斜，朝无人处放气。

（4）分液要彻底，上层物从上口放出，下层物从下口放处。

六、思考题

（1）乙醚是一种常用的萃取剂，其优、缺点是什么?使用乙醚萃取时的注意事项有哪些?

（2）若分别用乙醚、氯仿、己烷、苯作溶剂萃取水溶液，那么它们将在上层还是下层?

（3）影响萃取法的萃取效率的因素有哪些？怎样才能选择好溶剂？

（4）使用分液漏斗的目的何在？使用时应注意哪些事项？

（5）选择萃取剂要考虑哪些因素？萃取的原则是什么？

（6）总结分液漏斗使用过程中要注意的问题。

（7）如何判断水层和油层的位置？

（8）分液漏斗应如何保养、存放？

参 考 书

[1] 武汉大学. 分析化学实验（第五版·上册）[M]. 北京：高等教育出版社，2001.

[2] 华中师范大学，东北师范大学，陕西师范大学，等. 分析化学实验（第三版）[M]. 北京：高等教育出版社，2001.

第二篇

仪器分析实验

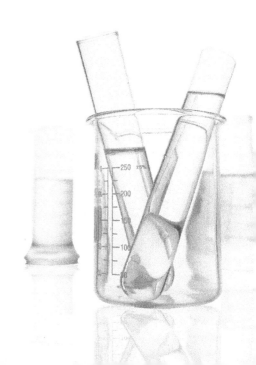

第四章 绪 论

4.1 仪器分析实验的任务与基本要求

1. 课程任务

仪器分析实验是环境科学相关专业的基础课程之一。通过本课程的学习，学生应对仪器分析领域有较全面的了解，基本掌握主要仪器的分析原理。仪器分析实验的内容涵盖光谱分析、电化学分析、色谱分析等方面；通过学习，学生应对分析方法中所使用仪器的结构、功能、特点及应用对象有较深入的了解，能根据不同的研究对象和要求选择合适的分析方法并解决相应的问题。同时，通过学习，学生还应了解现代仪器分析的发展趋势，增强创新意识。

2. 基本要求

仪器分析实验是实验化学和仪器分析课程的重要内容，它是学生在教师的指导下，以分析仪器为工具，亲自动手获得所需物质的化学组成和结构等信息的教学实践活动。通过仪器分析实验，加深了学生对有关仪器分析方法基本原理的理解。同时，可以让学生掌握仪器分析实验的基本知识和技能，学会正确使用分析仪器，合理地选择实验条件，正确处理实验数据和表达实验结果，培养学生严谨求实的科学态度和独立工作的能力。为了达到以上教学目的，对仪器分析实验提出以下基本要求：

（1）仪器分析实验中所使用的仪器一般比较昂贵，同一实验室不可能购置多套同类仪器。仪器分析实验通常采用大循环方式组织教学，因此学生在实验前必须做好预习工作，仔细阅读仪器分析实验教材，了解分析方法和仪器分析的基本原理、仪器主要部件的功能、操作程序以及注意事项。

（2）学会正确使用仪器。学生需在教师指导下熟悉和使用仪器。详细了解仪器的性能，防止损坏仪器或发生安全事故，应始终保持实验室整洁、安静的教学秩序。

注意：未经教师允许，学生不得随意开动或关闭仪器，不得随意旋转仪器旋钮，改变仪器工作参数。

（3）在实验过程中，要认真学习有关仪器分析方法的基本技术，要细心观察实验现象，仔细记录测量实验数据和分析测试的仪器条件；要学会选择最佳实验条件，积极思考、勤于动手，培养良好的实验习惯和科学作风。

（4）爱护实验室的仪器设备。实验中如发现仪器工作不正常，应及时报告教师处理。每次实验结束，应将所用仪器复原，清洗好用过的器皿，整理好实验室的各类设施与环境卫生。

（5）认真写好实验报告。实验报告应简明扼要、图表清晰、条理清楚。实验报告的内容包括实验名称、实验日期、实验目的、实验原理、仪器名称及型号、主要仪器的工作参数、主要实验步骤、实验数据或图谱、实验中出现的现象、实验数据分析和结果处理、问题讨论等部分。认真写好实验报告是提高实验教学质量的一个重要环节。

4.2　气体钢瓶的使用及注意事项

1. 常用气体钢瓶的标色

气体钢瓶由无缝碳素钢或合成钢制成，适用于所装介质的压力小于 1.52×10^7 Pa 的气体。不同类型的气体钢瓶，其外表所漆的颜色、标记的颜色等有统一规定。常用气体钢瓶的标色如表 4-1 所示。

表 4-1 常用气体钢瓶的标色

气体类别	瓶身颜色	横条颜色	标字颜色
氮气	黑色	棕色	黄色
空气	黑色		白色
二氧化碳	黑色		黄色
氧气	天蓝色		黑色
氢气	深绿色	红色	红色
氯气	草绿色	白色	白色
氨气	黄色		黑色
乙炔	白色		红色
氩气	灰色		绿色
氦气	棕色		白色
石油液化气	灰色		红色

2. 使用气体钢瓶时的注意事项

（1）气体钢瓶应存放在阴凉、干燥，且远离阳光、暖气、炉火等热源的地方。气体钢瓶需距离明火 10 m 以上，室温不超过 35 ℃，并有必要的通风设备（最好放在室外，用导管通入）。

（2）搬动气体钢瓶时要稳拿轻放，并旋上安全帽。放置使用时，必须固定好，防止倒下击爆；开启安全帽和阀门时，不能用锤或凿敲打，要用扳手慢慢开启。

（3）在使用气体钢瓶时，要用减压阀检查气体钢瓶气门的螺丝扣是否完好（二氧化碳钢瓶和氨气钢瓶除外）。一般地，装可燃气体（如氢气、乙烯等）的气体钢瓶的气门螺纹是反扣的；装腐蚀性气体（如氯气等）的气体钢瓶不用减压阀。各种减压阀不能混用，但氮气和氧气的减压阀可以通用。

（4）氧气钢瓶的气门、减压阀严禁沾染油脂。

（5）气体钢瓶附件各连接处都要使用合适的衬垫（如铝垫、薄金属片、石棉垫等）防漏，不能用棉、麻等织物，以防燃烧。在检查接头或管道是否漏气时，对于可燃气体，可用肥皂水涂于被检查处进行观察，但氧气和氢气不可用此法。检查气体钢瓶气门是否漏气，可用气球扎紧于气门上进行观察。

（6）气体钢瓶中的气体不可用尽，应保持 $4.93×10^4$ Pa 表压以上的残留量，乙炔钢瓶要保留 $2.92×10^5$ Pa 表压以上的残留量，以便判断瓶中为何种气体，检查附件的严密性，也可防止大气的倒灌。

（7）氧气钢瓶和可燃性气体钢瓶不能存放在一起；氢气钢瓶和氯气钢瓶不能存放在一起。

（8）钢瓶每隔 3 年进厂检验 1 次，并重涂规定颜色的油漆。装腐蚀性气体的气体钢瓶每隔 2 年检验 1 次，不合格的气体钢瓶要及时报废或降级使用。

4.3　分析方法的基本评价指标

分析工作的质量首先取决于分析方法的正确选择与运用，如方法选用不当，则有可能产生较大误差，甚至得到错误的结论。一个好的分析方法应具有良好的检测能力，能获得准确可靠的测定结果，具备广泛的适用性，操作应尽可能简便。检测能力可用灵敏度、检出限和定量限表示。其中，检出限使用最频繁。测定结果的可靠性可以用准确度和精密度来评价；适用性用校正曲线的线性范围和抗干扰能力来衡量。因此，在评价分析方法时，应给出方法的检出限、校正曲线的线性范围、抗干扰能力、精密度、回收率等指标。近年来，测定结果的可靠性还要求用测量不确定度来评价，其评定过程较为复杂，有兴趣者可参考相关书籍。

1. 灵敏度、检出限和定量限

分析方法的灵敏度是指该方法中单位浓度或单位量的待测组分的变化所引起响应量变化的程度。常用标准曲线的斜率来表示灵敏度的大小，如紫外–可见分光光度法等。灵敏度越高，单位浓度或量引起的待测物质的信号变化也越大，但它并不适合用来评价方法的检出能力。因为在仪器分析中，方法的灵敏度直接依赖于检测器的灵敏度与信号的放大倍数。当信号放大倍数提高时，仪器噪声也随之提高，所以数据之间没有可比性，且信号的辨识能力并没有提高。目前，多用检出限来表征分析方法的检测能力。

IUPAC 提出检出限的定义为：以浓度（或质量）表示的、由能够被检测出的最小分析信号 x_L 求得的待测组分的最低浓度 c_L（或质量 q_L）。在不同的仪器分析方法中，确定检出限的方法不同。在通用分析方法中，常通过测定一组空白试样（或低浓度试样）的信号计算得出标准偏差 s_0，以 $3s_0$ 作方法的检出限。检出限越低，方法的检测能力越强。

定量限不同于检出限，其是指在满足一定的精密度和准确性要求的前提下，能够定量测定的待测组分的最小浓度或质量。对于仪器分析，通常做法是通过测定一组空白试样（或低浓度试样）的信号计算得到的标准偏差 s_0，以 $10s_0$ 估算定量限，然后通过分析适当数量的、以定量限制备的试样来验证结果的精密度和准确度是否达到要求。

2. 精密度

精密度就是一组平行测定的数据相互接近的程度，体现了测定过程中随机误差的大小，常用标准偏差或相对标准偏差（变异系数）来表示。一个好的分析方法首先要精密度高，才能保证有准确的分析结果，当然，测量的精密度高，准确度也不一定高。精密度与待测组分的浓度有关，因此，在测定分析方法的精密度时，应该采用不同浓度水平的试样并在报告上注明其浓度。

3. 准确度

分析方法的准确性是指在一定实验条件下多次测定的平均值与真实值的接近程度。准确度取决于系统误差的大小。在实际工作中，通常可采用多种实验来检验分析方法是否存在系统误差，如标准物质比对实验、标准方法对比实验、回收率（加标回收率）实验等。

（1）标准物质比对实验。如果能获得化学组成与物理状态合适的可溯源标准物质，则可在多个浓度水平下，按照分析实际试样的方法和步骤测定标准物质，求出标准物质多次测量结果的平均值和平均值的标准偏差，然后通过显著性检验判别方法是否存在系统误差。

（2）标准方法对比实验。选择一种标准方法与所用方法对同一试样进行对比实验，用显著性检验来判别该方法是否存在系统误差。标准方法在这里是指由知名的国家计量实验室、学术团体或权威实验室严格验证，并由计量监督部门发布的、用于量值传递或作仲裁用的分析方法。

（3）加标回收率实验。按照分析试样的步骤和条件对组成与试样接近但已知量（x_2）的标准样进行测定，得测定值 x_1，并计算方法的回收率。其计算公式为

$$回收率 = \frac{x_1}{x_2} \times 100\%$$

加标回收率越接近 100%，表明分析方法的准确度越高，系统误差越小；反之，则分析方法的系统误差越大。

如果对试样的组成不完全清楚，难以获得组成与试样基体接近的标准试样时，则可以采用加入法进行对照实验。其步骤是：取等量平行试样两份，在其中一份试样中加入已知量（x_2）的待测组分标准品并混合均匀，对两份试样进行平行测定。若测得试样中待测组分的浓度为 x_1，加标后的实验中待测组分的浓度为 x_3，则加标回收率为

$$加标回收率 = \frac{x_3 - x_1}{x_2} \times 100\%$$

由加入的待测组分的量是否定量回收来评价分析方法的准确度，并判断有无系统误差存在。

目前，加标回收率法是分析人员普遍采用的一种检查系统误差的方法，但这种方法并不总是可靠。如果方法存在的系统误差是固定系统误差，即测定误差不随被测定物质的量而改变，例如由试样的本底干扰引起的系统误差，利用加标回收率实验就无法测出它的存在。

4. 适用性

一个分析方法的适用性应包括对待测组分含量或浓度的适用范围和对不同类型、不同基质试样的适用性。含量和浓度适用性可用校正曲线的线性范围来衡量。

校正曲线是指待测组分的浓度或量与仪器响应量之间的定量关系曲线。当用于绘制校正曲线的标准溶液的分析步骤与试样分析步骤完全相同时，称为工作曲线；当其与试样分析步骤相比有所省略时（如省略试样的前处理步骤），

称为标准曲线。线性范围是指用该法测定试样中待测组分浓度（或量）上限与下限之间的间隔。在该范围内，分析方法具有适当的精密度、准确度和线性。线性范围越宽越好。

不同类型、不同基质的试样，其干扰情况不同，一个好的分析方法应具有良好的抗干扰能力，分析方法的适用性可以通过分析不同类型的试样直接进行检验。另一种更常用的方法是测定其抗干扰能力，即在试样中加入不同的干扰物质，测定待测组分的加标回收率，用加标回收率来表示分析方法的抗干扰能力和确定干扰物质所允许存在的量。

第五章 原子吸收光谱法与
原子荧光光谱法

5.1 概 述

1. 原子吸收光谱法

原子吸收光谱法（Atomic Absorption Spectrometry，AAS）的工作原理：由待测元素空心阴极灯发射出一定强度和一定波长的特征谱线的光，当光通过含有待测元素基态原子蒸气时，其中一部分被吸收，而未被吸收的光经单色器分光后，照射到光电检测器上得以检测，根据该特征谱线被吸收的程度，测得试样中待测元素的含量。

原子吸收光谱法根据原子化方式的不同分为火焰原子吸收光谱法、石墨炉原子吸收光谱法、氢化物原子吸收光谱法和冷原子吸收光谱法。其中火焰原子吸收光谱法是目前最常用的原子吸收光谱法，其中空气–乙炔火焰可用于常见的 30 种元素的分析。

由于在进行原子吸收分析时测量的是峰值吸收情况，因此需要能发射出共振线的锐线光作光源，待测元素的空心阴极灯能满足这一要求。例如，测定试液中的镁时，可用镁元素空心阴极灯作光源，这种灯能发射出镁元素若干特征谱线的锐线光（通常选用 Mg 285.21 nm 共振线）。特征谱线被吸收的程度，可用朗伯–比尔定律表示，即

$$A = \lg \frac{I_0}{I} abN_0$$

式中，A 为吸光度；a 为吸收系数；b 为吸收层厚度，在实验中为一定值；N_0 为待测元素的基态原子数。由于在实验条件下，待测元素原子蒸气中基态原子的分布占绝对优势，因此可用 N_0 代表在吸收层中的原子总数。当试液原子化效率一定时，待测元素在吸收层中的原子总数与试液中待测元素的浓度 c 成正比，因此上式可写作

$$A = K'c$$

式中，K' 在一定实验条件下是一常数，因此吸光度与浓度成正比，可借此进行定量分析。原子吸收光谱分析法具有快速、灵敏、准确、选择性好、干扰少和操作简便等优点，目前已得到广泛应用，可对 70 多种元素进行分析。不足之处是：在测定不同元素时，需要更换相应元素的空心阴极灯，这给试样中多元素的同时测定带来不便。

2. 原子荧光光谱法

原子荧光光谱法（Atomic Fluorescence Spectrometry，AFS）是通过测定待测元素的原子蒸气在辐射能激发下产生的荧光发射强度来确定待测元素含量的方法。

气态自由原子吸收特征波长辐射后，原子的外层电子从基态或低能级跃迁到高能级，经过约 10^{-8} s，又跃迁至基态或低能级，同时发射出与原激发波长相同或不同的辐射，称为原子荧光。

发射的荧光强度与原子化器中单位体积该元素基态原子数成正比，即

$$I_f = \varphi I_0 A \varepsilon L N$$

式中，I_f 为荧光强度；φ 为荧光量子效率，表示单位时间内发射荧光光子数与吸收激发光光子数的比值，一般小于 1；I_0 为激发光强度；A 为荧光照射在检测器上的有效面积；L 为吸收光程强度；ε 为峰值摩尔吸收系数；N 为单位体积内的基态原子数。

通常认为，原子荧光光谱法是比原子吸收光谱法更灵敏的定量分析方法。理论上，原子荧光光谱法与原子吸收光谱法及原子发射光谱法有着大致相同的

分析对象，都可以同时分析数十种元素。目前，原子荧光光谱法成功分析的元素有 As、Sb、Bi、Hg、Se、Te、Ge、Pb、Sn、Cd、Zn 等十几种。我国的众多分析科学工作者经过长期的努力研究，已经形成了适合我们自己的原子荧光光谱法的分析理论和成熟的商品化仪器。

5.2 实 验 部 分

实验 5–1 原子吸收测定最佳实验条件的选择

一、实验目的

（1）了解原子吸收分光光度计的构造、性能及操作方法。

（2）了解实验条件对灵敏度、准确度的影响，并学会选择最佳实验条件。

二、实验原理

在原子吸收分析中，测定条件的选择对测定的灵敏度、准确度有很大影响。通常，选择共振线作分析线时测定的灵敏度较高。

在使用空心阴极灯时，其工作电流不能超过最大允许工作电流，灯的工作电流过大，易产生自吸（自蚀）作用，从而使多普勒效应增强、谱线宽度减小、测定的灵敏度降低、工作曲线弯曲、灯的寿命变短。灯的工作电流小，谱线变宽程度会减小，测定的灵敏度就高。但灯的工作电流过低，会使发光强度减弱，发光不稳定，从而使信噪比下降，故应在保证稳定和适当光强度输出情况下，尽可能选择较低的灯工作电流。

燃气和助燃气流量的改变，直接影响测定的灵敏度和干扰情况。燃助比为 1:4 的化学计量火焰，温度较高、火焰稳定、背景低、噪声小，大多数元素都用这种火焰。燃助比小于 1:6 的火焰为贫燃火焰，该火焰燃烧充分、温度较高，用于不易氧化的元素的测定。燃助比大于 1:3 的火焰为富燃火焰，该火焰温度较低、噪声较大，但其还原气氛较强，适合测定易形成难熔氧化物的元素。

不同火焰高度下的被测元素基态原子的浓度分布是不均匀的。火焰高度不同，火焰温度和还原气氛不同，故基态原子浓度也不同。

三、仪器与试剂

1. 仪器

（1）原子吸收分光光度计。

（2）铜空心阴极灯。

（3）空气压缩机。

（4）乙炔钢瓶。

（5）容量瓶等。

2. 试剂

100 μg/mL 铜标准溶液。

四、实验步骤

（1）配制 250 mL 5 μg/mL 铜标准溶液。

（2）分析线的选择。分别在 324.8 nm、282.4 nm、296.1 nm 和 301.0 nm 波长下测定所配制的 5 μg/mL 铜标准溶液的吸光度。根据对分析试样灵敏度的要求、干扰情况，选择合适的分析线。试样浓度低时，选择灵敏度线；试样浓度高时，选择次灵敏线，并选择没有干扰的谱线。

（3）空心阴极灯的工作电流的选择。在步骤（2）选择的波长下，喷入 5 μg/mL 铜标准溶液，每改变一次灯电流，记录对应的吸光度信号，每测定一个数值前，必须喷入蒸馏水调零（以下实验均相同）。

（4）助燃比选择。固定其他条件和燃气流量，喷入所配制的 5 μg/mL 铜标准溶液，改变助燃气流量，记录吸光度。

（5）燃烧头高度的选择。喷入所配制的 5 μg/mL 铜标准溶液，改变燃烧头的高度，逐一记录对应的吸光度。

五、数据处理

（1）绘制吸光度–灯电流曲线，找出最佳灯电流。

（2）绘制吸光度–燃气流量曲线，找出最佳燃助比。

（3）绘制吸光度–燃烧头高度曲线，找出燃烧头最佳高度。

六、注意事项

（1）实验时要打开通风设备，使金属蒸气及时排出室外。

（2）点火时，先开空气，后开乙炔气；熄火时，先关乙炔气，后关空气。室内若有乙炔气味，则应该立即关掉乙炔气源，开通风厨，排除问题后，再继续进行实验。

七、思考题

（1）如何选择最佳实验条件？实验时，若条件发生变化，则对结果有什么影响？

（2）为什么原子吸收分光光度计的单色仪位于火焰原子化器之后，而紫外分光光度计的单色仪位于试样室之前？

实验 5–2　火焰原子吸收光谱法测定自来水中钙、镁含量

一、实验目的

（1）学习火焰原子吸收分光光度计的使用方法。

（2）理解钙、镁含量的测定方法。

二、实验原理

钙、镁是形成水质硬度的最重要的两种元素。《生活饮用水卫生标准》（GB 5749—2006）中规定，饮用水中以碳酸钙为总硬度的计算，其限度为 450 mg/L。

水中钙、镁元素含量的测定主要有 EDTA 配位滴定法，但该方法很难排除水中其他离子（如铁、锰离子）的干扰，共存离子对指示剂指示终点也有影响。特别是我国南方地区水样的水质硬度比较小，使用该滴定法难以得到准确的浓度。

本实验采用火焰原子吸收光谱法测定水样中的钙、镁，其灵敏度较高，干扰也容易控制、消除。水样基体中共存的铝、钛、铁、硫酸根对测定有负干扰。一般采用氯化镧或氯化锶可消除干扰。

三、仪器与试剂

1. 仪器

（1）火焰原子吸收分光光度计。

（2）钙、镁空心阴极灯。

（3）无油空气压缩机。

（4）乙炔钢瓶。

（5）容量瓶。

（6）移液管等。

2. 试剂

（1）碳酸镁。

（2）无水碳酸钙。

（3）1 mol/L 盐酸溶液。

（4）蒸馏水。

3. 标准溶液配制

（1）钙标准储备液（1 000 μg/mL）的配制。准确称取已在 110 ℃下烘干 2 h 的无水碳酸钙 0.625 0 g 于 100 mL 烧杯中，用少量蒸馏水润湿，盖上表面皿，滴加 1 mol/L 盐酸溶液，至完全溶解，将溶液于 250 mL 容量瓶中定容，摇匀备用。

（2）钙标准使用液（50 μg/mL）的配制。准确吸取 5 mL 上述钙标准储备液于 100 mL 容量瓶中定容，摇匀备用。

（3）镁标准储备液（1 000 μg/mL）的配制。准确称取 0.875 0 g 碳酸镁于 100 mL 烧杯中，盖上表面皿，加 5 mL 1 mol/L 盐酸溶液使之溶解，将溶液于 250 mL 容量瓶中定容，摇匀备用。

（4）镁标准使用液（2.5 μg/mL）的配制。准确吸取 2.5 mL 上述镁标准储备液于 100 mL 容量瓶中定容（浓度为 25 μg/mL），摇匀备用。再取 10 mL 上述溶液并将其稀释到 100 mL，即浓度为 2.5 μg/mL。

四、实验步骤

（1）钙标准溶液系列和镁标准溶液系列的配制。

① 钙标准溶液系列的配制。准确吸取 1 mL、2.5 mL、5 mL、10 mL、15 mL 钙标准使用液（50 μg/mL），分别置于 5 只 25 mL 容量瓶中，用蒸馏水稀释至刻度，摇匀备用。该标准系列的钙质量浓度依次为 2.0 μg/mL、5.0 μg/mL、10.0 μg/mL、20.0 μg/mL、30.0 μg/mL。

② 镁标准溶液系列的配制。准确吸取 1 mL、2.5 mL、5 mL、7.5 mL、10 mL 镁标准使用液（2.5 μg/mL），分别置于 5 只 25 mL 容量瓶中，用蒸馏水稀释至刻度，摇匀备用。该标准系列的镁标准溶液的质量浓度依次为 0.1 μg/mL、0.25 μg/mL、0.5 μg/mL、0.75 μg/mL、1.0 μg/mL。

（2）自来水水样的准备。将自来水（1+4，即 5 mL 自来水+20 mL 蒸馏水）置于 25 mL 容量瓶中，待用。

（3）测定参数的设置。钙空心阴极灯工作波长为 422.7 nm；镁空心阴极灯工作波长为 285.2 nm；光谱带宽为 0.4 nm；工作电流为 3.0 mA；燃烧器高度为 6.0 mm；燃烧器参数为 1 800 mL/min；空压机压力为 0.25 MPa；乙炔压力为 0.05～0.07 MPa。

（4）钙的测定。以钙空心阴极灯为光源，根据测定条件，以蒸馏水为空白样校零，再依次由稀到浓测定所配制的钙系列标准溶液及自来水样的吸光度值。

（5）镁的测定。以镁空心阴极灯为光源，根据测定条件，以蒸馏水为空白样校零，再依次由稀到浓测定所配制的镁系列标准溶液及自来水样的吸光度值。

五、数据处理

（1）根据钙、镁标准液系列的吸光度值，以吸光度为纵坐标，质量浓度为横坐标，利用计算机绘制标准曲线，做出回归方程，并计算相关系数。

（2）根据自来水样的吸光度值，依据标准曲线计算出钙、镁的含量。

六、注意事项

（1）实验时要打开通风设备，使金属蒸气及时排出室外。

（2）点火时，先开空气，后开乙炔；熄火时，先关乙炔，后关空气。室内若有乙炔气味，则应该立即关掉乙炔气源，开通风厨，排除问题后，再继续进行实验。

（3）测标准溶液最高浓度之后，一定要光用蒸馏水校零，再测自来水样。

七、思考题

（1）简述火焰原子吸收光谱法的基本原理。

（2）采用火焰原子吸收光谱法时，为何要用待测元素的空心阴极灯做光源？

（3）标准溶液系列配制的准确性对实验结果有无影响？为什么？

实验 5-3　石墨炉原子吸收光谱法测定水中痕量镉

一、实验目的

（1）了解石墨炉原子吸收光谱法的原理及特点。

（2）掌握石墨炉原子吸收光谱法测定水中痕量金属元素的分析过程与特点。

二、实验原理

镉（Cd）是环境监测中经常测定的毒性元素之一。由于水中镉的含量较低，故通常采用石墨炉原子吸光光谱法进行测定，石墨炉原子吸光光谱法分析的绝对灵敏度可达 $1×10^{-9}$ g。

本次实验分别用标准曲线法和标准加入法来测定自来水中的痕量镉。

三、仪器与试剂

1. 仪器

（1）石墨炉原子吸收分光光度计。

（2）镉空心阴极灯。

（3）氩气钢瓶。

（4）微量注射器。

2. 试剂

（1）镉标准溶液（10.0 μg/mL）：采用 2%盐酸溶液配制。

（2）盐酸溶液（优级纯）（1+1）。

（3）二次去离子水。

四、实验步骤

1. 按照石墨炉原子吸收分光光度计相关操作方法调试仪器，测定条件如表 5-1 所示。

表 5-1　镉的石墨炉原子吸收光谱法的测定条件

吸收线波长/nm	光谱通带/nm	灯电流/mA	氩气流量/（L·min⁻¹）	进样量/μL	干燥电流/A	干燥时间/s	灰化电流/A	灰化时间/s	原子化电流/A	原子化时间/s
228.8	0.21	8.0	1.0	20	20	25	70	25	240	7

2. 镉标准系列溶液的配制

于 5 个 25 mL 容量瓶中，依次加入 0 mL、1.00 mL、3.00 mL、5.00 mL、10.00 mL 10.0 ng/mL 镉标准溶液，各加入盐酸（1+1）5 滴，用二次去离子水

定容,摇匀。此标准系列溶液的镉浓度依次为 0 μg/mL、0.40 μg/mL、1.20 μg/mL、2.00 μg/mL、4.00 μg/mL。

3. 水样的配制

吸取自来水水样 20.00 mL 于 25 mL 容量瓶中，加入盐酸（1+1）5 滴，用二次去离子水定容，摇匀。

4. 标准加入法溶液的配制

于 5 个 25 mL 容量瓶中各移入自来水样 20 mL，再依次加入镉标准溶液 0 mL、1.00 mL、2.00 mL、3.00 mL、4.00 mL 及盐酸（1+1）5 滴，用二次去离子水定容，摇匀。

5. 原子吸收测定

用微量注射器吸取 20 μL 配制好的溶液并注入石墨炉中，按照表 5-1 列出条件测出各自的原子化吸收信号。

五、数据处理

根据记录的原子化吸收信号绘制标准曲线及标准加入法外推曲线，从而计算出自来水样中镉的含量，并比较两种方法测定的结果。

六、注意事项

玻璃容器器壁易产生吸附，因此只能储存浓度大的标准溶液。标准稀溶液必须在使用时现配，且放置时间不能超过 4 h。

七、思考题

（1）试述石墨炉原子吸收光谱法灵敏度高的原因。

（2）在用石墨炉原子吸收光谱法测定铜（Cu）和镉（Cd）时，为什么原子化电流分别是 320 A 和 240 A？

实验 5–4　用原子荧光光谱法测定水样中的痕量 As

一、实验目的

（1）通过本实验，了解原子荧光光谱仪的基本结构和使用技术。

（2）掌握原子荧光光谱法的基本原理及定量测定水样中痕量物质的方法。

二、实验原理

元素 As（Sb、Bi、Se、Te、Sn、Pb、Ge）与 KBH_4 或 $NaBH_4$ 发生反应时，可形成气态氢化物。在 KBH_4（$NaBH_4$）的酸还原体系中，氢化物的形成原理为

$$KBH_4+HCl+3 H_2O \rightarrow H_3BO_3+KCl+8 H \cdot$$

$$8 H \cdot +E^{m+} \rightarrow EH_n \uparrow + H_2 \uparrow （过剩）$$

式中，E^{m+} 为 $+m$ 价的被测元素离子；EH_n 为被测元素的氢化物；H· 为初生态的氢。

生成的 EH_n 氢化物（如 AsH_3）常温下为气态，借助载气流导入原子化器中解离成气态，然后 As 原子吸收 As 空心阴极灯发射的光辐射而被激发，射出 As 的特征荧光，测量波长为 193.7 nm 的特征荧光强度，即可进行试样中 As 含量的测定。

试样经酸溶后，用还原剂将其中的 As^{5+} 还原为 As^{3+}，再与 KBH_4 作用生成相应的金属氢化物和氢气，由氩气导入石英原子化器后，氢气被点火装置点燃，生成的氩氢火焰使砷的氢化物解离为气态原子。

原子荧光强度与试样浓度以及激发光源的辐射强度等参数存在以下函数关系，即

$$I_f = \phi I_0 KNL$$

式中，ϕ 为原子荧光量子效率；I_0 为光源辐射强度；K 为峰值吸收系数；N 为原子化器单位长度内的基态原子数；L 为吸收光程长度。当仪器条件和测定条件固定时，原子荧光强度与能吸收辐射线的原子密度成正比。当原子化效率恒

定时，原子荧光强度便与待测样品中某元素的浓度 c 成正比，即

$$I_f = ac$$

上式的线性关系只有在低浓度时成立，当浓度变大时，原子荧光强度与浓度的关系为曲线关系。

三、仪器与试剂

1. 仪器

（1）AFS-230E 原子荧光光度计。

（2）高强度 As 元素空心阴极灯。

（3）电子天平等。

2. 试剂

（1）NaOH（优级纯）。

（2）KBH₄（优级纯）。

（3）As₂O₃（基准试剂）。

（4）盐酸（优级纯）。

（5）硫脲（优级纯）。

（6）抗坏血酸（优级纯）。

（7）水样。

3. 标准溶液的配制

（1）配制 2%KBH₄ 标准溶液：用电子天平称取 2.5 g NaOH 于去离子水中溶解，再加入 10 g KBH₄，用去离子水稀释至 500 mL，混匀。

（2）配制 As 标准储备液（100 μg/mL）。称取 0.132 0 g 预先在 105～110 ℃干燥 2 h 的 As₂O₃，将其置于 250 mL 烧杯中，加入 10 mL 100 g/L NaOH 溶解；待其溶解后，用盐酸（1+1）中和至溶液呈微酸性，用 5%盐酸稀释至 1 000 mL，用去离子水稀释至刻度，混匀。

（3）配制 As 砷标准溶液（1 μg/mL）。吸取 1.00 mL 上述 100 μg/mL As 标准储备液于 100 mL 容量瓶中，用 5%盐酸稀释至刻度，摇匀。

四、实验步骤

（1）配制 As 系列浓度标准溶液。分别在 6 个 100 mL 容量瓶中加入 5 mL 盐酸、10 mL 硫脲和抗坏血酸混合液，然后分别加入 1 μg/mL 砷标准溶液 0 mL、0.20 mL、0.40 mL、0.80 mL、1.20 mL、2.00 mL，用去离子水稀释至刻度，摇匀。此时，系列浓度标准溶液的浓度为 0 μg/L、2.00 μg/L、4.00 μg/L、8.00 μg/L、12.00 μg/L、20.00 μg/L。

（2）配制样品溶液。在 100 mL 容量瓶中加入 20 mL 水样、5 mL 盐酸、10 mL 硫脲和抗坏血酸混合液，用去离子水稀释至刻度，摇匀。

（3）将上述配制好的系列浓度标准溶液和样品溶液用 AFS–230E 原子荧光分光光度计进行测定。

五、数据处理

绘制系列浓度溶液的标准曲线，并计算此方法的检出限和精密度；计算水样中 As 的含量。

六、注意事项

配制系列浓度标准溶液和样品溶液时，加入盐酸、硫脲和抗坏血酸混合液，用去离子水稀释至刻度后，多摇匀几次，且放置 15 min 后再上机测定，让 As^{5+} 充分还原为 As^{3+}。

七、思考题

（1）简述原子荧光光谱法的原理及其特点。

（2）配制 As 标准溶液和 KBH_4 溶液应注意哪些问题？

（3）为什么在配制系列浓度标准溶液和样品溶液时，都要加入硫脲和抗坏血酸混合液？

第六章　紫外-可见吸收光谱法

6.1　概　　述

紫外-可见吸收光谱法（Ultraviolet Visible Absorption Spectrometry）就是根据物质对光的选择性吸收及光的吸收定律，对物质进行定性、定量分析的方法。它具有灵敏度高（待测物最低浓度一般为 $10^{-6}\sim10^{-5}$ mol/L）、准确度高（相对误差为 1%～5%）、操作简便、测定快速、应用范围广等优点。因此，其在工农业生产和科学实践中被广泛应用。

物质吸光的波段范围有紫外光、可见光和红外光，当物质吸收的光波在 $400\sim760$ nm 时，称为可见光分光光度法。当一定波长的可见光通过吸光物质时，吸光物质吸光的程度与吸光物质的浓度成正比，据此可以建立分光光度法的定量关系。

分光光度法的定量关系式是朗伯-比尔定律，又称光的吸收定律，其数学表达式为

$$A=\lg\frac{I_0}{I}=Kbc$$

式中，A 为吸光度；I_0 和 I 分别为入射光和透射光的强度；b 为液层的厚度，单位为 cm；c 为物质的浓度，单位为 mol/L；K 为摩尔吸收系数，单位为 L·mol^{-1}·cm^{-1}。其中摩尔吸收系数与溶液的本性、温度及波长等因素有关。

当固定液层的厚度和摩尔吸收系数 K 时，吸光度 A 与溶液的浓度 c 呈线性

关系。因此根据朗伯-比尔定律，许多物质的浓度都可以通过测量吸光度的方法测定。

由于吸光度具有加和性，若溶液中有其他组分（如溶剂等）对光有吸收，则会对测定产生一定的影响，故需用空白液（即参比液）扣除其他组分对光的吸收。

在应用可见光分光光度法测量物质浓度时，要求待测组分是有色溶液，对于无色或浅色的试样，需加入显色剂，让其发生显色反应以使待测组分形成有色化合物，在显色反应中需考虑合适的显色剂和反应条件。

分光光度法测量有色物质浓度的基本方法包括 3 步：首先，测定溶液对不同波长光的吸收情况，得到吸收曲线，从中找出吸收波长，一般在无干扰的情况下，选择最大吸收波长 λ_{max}；其次，在此波长下，测定一系列已知浓度 c 溶液的吸光度 A，做出 A–c 标准曲线；最后，测定待测组分的吸光度 A，查标准曲线，即可确定相应的浓度。

6.2　实　验　部　分

实验 6–1　邻二氮菲分光光度法测铁
（基本条件实验及试样中微量铁的测定）

一、实验目的

（1）掌握分光光度计的使用方法。

（2）通过研究邻二氮菲分光光度法测铁的实验条件，学会选择分光光度分析的实验条件。

（3）学会利用邻二氮菲分光光度法测定微量铁。

二、实验原理

邻二氮菲（phen，也叫 1,10-邻菲啰啉）和 Fe^{2+} 会在 pH 为 3～9 的溶液中反应生成一种稳定的橙红色络合物 $Fe(phen)_3^{2+}$（邻二氮菲－铁（Ⅱ）），其 lgK=21.3、ε_{508}=1.1×10⁴ L·mol⁻¹·cm⁻¹，铁含量在 0.1～6 μg/mL 内遵守比尔定律。邻二氮菲－铁（Ⅱ）的吸收曲线如图 6–1 所示。显色前需用盐酸羟胺或抗坏血酸将 Fe^{3+} 全部还原成 Fe^{2+}，然后加入邻二氮菲，并调节溶液酸度至适宜的显色酸度范围内。有关反应为

$$2Fe^{3+} + 2NH_2OH \cdot HCl == 2Fe^{2+} + N_2\uparrow + 2H_2O + 4H^+ + 2Cl^-$$

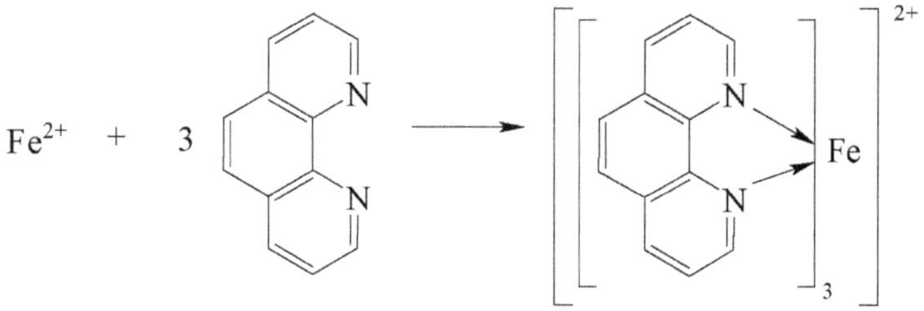

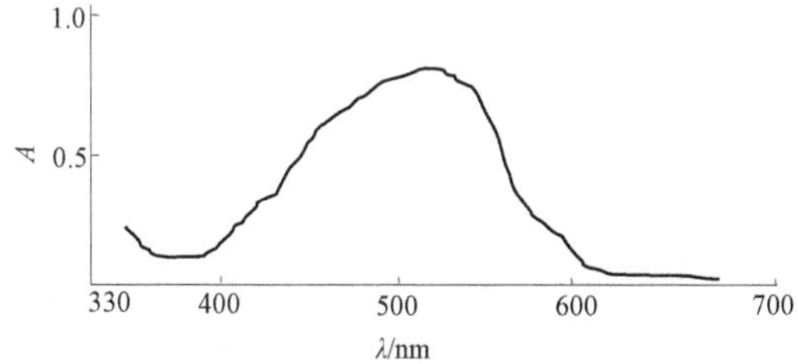

Fe²⁺ + 3 邻二氮菲 → [Fe(phen)₃]²⁺

图 6–1　邻二氮菲－铁（Ⅱ）的吸收曲线

在用分光光度法测定物质的含量时，一般采用标准曲线法，即配制一系列浓度的标准溶液，在实验条件下依次测量各标准溶液的吸光度（A），并以溶液的浓度为横坐标，相应的吸光度为纵坐标，绘制标准曲线。在同样的实验条件下，测定待测溶液的吸光度，根据所测吸光度值从标准曲线上查出相应的浓度值，即可计算试样中被测物质的质量浓度。

三、仪器和试剂

1. 仪器

（1）721 型或 722 型分光光度计。

（2）25 mL 容量瓶 20 个；50 mL 和 1L 的容量瓶各 1 个。

（3）移液管（1 mL 1 支，0.5 mL 2 支）。

（4）吸耳球 1～2 个。

2. 试剂

（1）0.1 g/L 铁标准溶液：准确称取 0.702 0 g $NH_4Fe(SO_4)_2 \cdot 6H_2O$ 置于烧杯中，加少量水和 20 mL 1:1 H_2SO_4 溶液，溶解后定量转移到 1 000 mL 容量瓶中，用水稀释至刻度，摇匀。

（2）100 g/L 盐酸羟胺水溶液：用时现配。

（3）1.5 g/L 邻二氮菲水溶液：避光保存，溶液颜色变暗即不能使用。

（4）1.0 mol/L 乙酸钠溶液。

（5）1.0 mol/L NaOH 溶液。

（6）铁试样。

四、实验步骤

（1）显色标准溶液的配制。在序号为 1～6 的 6 只 50 mL 容量瓶中，用吸量管分别加入 0 mL、0.20 mL、0.40 mL、0.60 mL、0.80 mL、1.0 mL 铁标准溶液（含铁 0.1 g/L），并分别加入 1 mL 100 g/L 盐酸羟胺溶液，摇匀后放置 2 min，再加入 2 mL 1.5 g/L 邻二氮菲溶液、5 mL 1.0 mol/L 乙酸钠溶液，以水稀释至刻度，摇匀。

（2）吸收曲线的绘制。在分光光度计上，用 1 cm 吸收池，以试剂空白溶液（1 号）为参比（440～560 nm），每隔 10 nm 测定一次待测溶液（5 号）的吸光度 A，并以波长为横坐标，吸光度为纵坐标，绘制吸收曲线，从而选择测定铁的最大吸收波长。

（3）显色剂用量的确定。在 7 只 50 mL 容量瓶中，各加 1 mL 0.1 g/L 铁标准溶液和 1.0 mL 100 g/L 盐酸羟胺溶液，摇匀后放置 2 min；之后分别加入 0.2 mL、0.4 mL、0.6 mL、0.8 mL、1.0 mL、2.0 mL、4.0 mL 1.5 g/L 邻二氮菲溶液，再各加 5.0 mL 1.0 mol/L 乙酸钠溶液，以水稀释至刻度，摇匀。以水为参比，在选定的波长下测量各溶液的吸光度。以显色剂邻二氮菲的体积为横坐标、相应的吸光度为纵坐标，绘制吸光度−显色剂用量曲线，确定显色剂的用量。

（4）溶液适宜酸度范围的确定。在 9 只 50 mL 容量瓶中各加入 1.0 mL 0.1 g/L 铁标准溶液和 1.0 mL 100 g/L 盐酸羟胺溶液，摇匀后放置 2 min。各加 2 mL 1.5 g/L 邻二氮菲溶液，然后分别加入 0 mL、0.2 mL、0.5 mL、0.8 mL、1.0 mL、2.0 mL、2.5 mL、3.0 mL、4.0 mL 1 mol/L NaOH 溶液摇匀，以水稀释至刻度，摇匀。用精密 pH 试纸或酸度计测量各溶液的 pH。

以水为参比，在选定波长下，用 1 cm 吸收池测量各溶液的吸光度。绘制 A−pH 曲线，并确定适宜的 pH 范围。

（5）络合物稳定性的研究。移取 1.0 mL 0.1 g/L 铁标准溶液于 50 mL 容量瓶中，加入 1.0 mL 100 g/L 盐酸羟胺溶液，摇匀后放置 2 min。再加入 2.0 mL 1.5 g/L 邻二氮菲溶液和 5.0 mL 1.0 mol/L 乙酸钠溶液，以水稀释至刻度，摇匀。以水为参比，在选定波长下，用 1 cm 吸收池，每放置一段时间（5 min、10 min、30 min、1 h、2 h、3 h）测量一次溶液的吸光度。以放置时间为横坐标、吸光度为纵坐标绘制 A−t 曲线，并对络合物的稳定性做出判断。

（6）标准曲线的测绘。以步骤（1）中试剂空白溶液（1 号）为参比，用 1 cm 吸收池，在选定波长下测定 2～6 号各显色标准溶液的吸光度。在坐标纸上，以铁的浓度为横坐标，相应的吸光度为纵坐标，绘制标准曲线。

（7）铁含量的测定。铁试样溶液（移取 1 mL）按步骤（1）显色后，在相同条件下测量吸光度（平行测量 3 份），由标准曲线计算试样中微量铁的质量浓度，进而求出原铁试样的浓度。

五、数据处理

（1）按条件实验的数据，分别绘出各种变化曲线，得出最佳实验条件。

（2）绘制标准曲线。

（3）由未知试液测定结果，求出原试样中铁含量。

六、注意事项

（1）试样和工作曲线测定的实验条件应保持一致，所以，最好两者同时测定。

（2）盐酸羟胺易氧化，不能久置，需现配现用。

（3）比色皿要配套，不然就使用一个比色皿，以减少比色皿不同带来的误差。

七、思考题

（1）用邻二氮菲测定铁时，为什么要加入盐酸羟胺？其作用是什么？试写出有关反应方程式。

（2）根据有关实验数据，计算邻二氮菲-铁（Ⅱ）络合物在选定波长下的摩尔吸收系数。

（3）在有关条件实验中，均以水为参比，为什么在测绘标准曲线和测定试液时，却要以试剂空白溶液为参比？

实验 6–2 紫外-可见分光光度法测定苯酚含量

一、实验目的

（1）了解紫外-可见分光光度计的结构、性能和使用方法。

（2）学会用紫外-可见分光光度法测定苯酚含量。

二、实验原理

紫外-可见分光光度法是以溶液中物质分子对光的选择性吸收为基础而建立起来的方法。与所有分光光度法一样，其进行定量分析的依据是朗伯–

比尔定律。苯酚是一种剧毒物质，可以致癌，已经被列入有机污染物黑名单。但在一些药品、食品添加剂、消毒液等产品中均含有一定量的苯酚。如果苯酚的含量超标，就会产生很大的毒害作用。苯酚在不同介质中的吸收波长是不同的（见图6-2）。在酸性及中性介质中，吸收波长$\lambda_{max} \approx 270$ nm；而在碱性介质中，吸收波长$\lambda_{max} \approx 288$ nm。

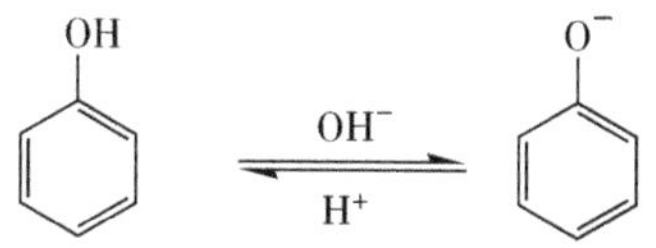

吸收波长为210～272 nm　　　　吸收波长为235～288 nm

图6-2　苯酚的吸收波长

本实验在中性条件下进行，因此苯酚在紫外光区的最大吸收波长$\lambda_{max} \approx$ 270 nm。首先，在 270 nm 处测定不同浓度苯酚标准溶液的吸收值，绘制标准曲线；然后，在相同条件下测定待测物的吸光度；最后，根据标准曲线得出待测物中苯酚的含量。

三、仪器与试剂

1. 仪器

（1）紫外−可见分光光度计。

（2）电子天平。

（3）容量瓶。

（4）吸量管。

（5）石英吸收池。

（6）比色管。

2. 试剂

苯酚。

3. 标准溶液的配制

苯酚标准储备液（100 μg/mL）的配制：准确称取 0.100 0 g 苯酚溶于

200 mL 去离子水中，然后转移至 1 000 mL 容量瓶中，用去离子水稀释至刻度，摇匀备用。

四、实验步骤

1. 系列浓度标准溶液的配制

于 5 支 25 mL 比色管中，用吸量管分别加入 0.50 mL、1.00 mL、2.00 mL、5.00 mL、10.00 mL 100 μg/mL 苯酚标准储备液，用去离子水稀释至刻度，摇匀待测。

2. 样品测定

（1）定性分析。先确定定性分析参数条件，然后将有试剂空白溶液的两个比色皿分别放入参比光路和样品光路，进行基线扫描，最后将装有苯酚溶液的比色皿放入样品光路，进行定性扫描。

（2）定量分析。先确定定量分析参数条件，然后用空白溶液进行调零。待仪器调零后，开始进行定量测量，即按照提示依次放入系列浓度标准溶液和待测溶液，记录吸光度值。

五、数据处理

（1）将苯酚的波长扫描图与已知相同条件下的波长扫描图或已知的谱图进行比较，定性分析试样。

（2）绘制标准曲线，根据标准曲线，确定待测溶液中苯酚的含量。

六、注意事项

（1）苯酚有剧毒，避免接触皮肤。

（2）注意比色皿的差别。

七、思考题

（1）紫外-可见分光光度法进行定性、定量分析的依据是什么？

（2）紫外-可见分光光度计的主要组成部件有哪些？

实验 6–3 紫外–可见吸收光谱法同时测定维生素 C 和维生素 E

一、实验目的

（1）了解多组分体系中元素的测定方法。

（2）掌握用紫外–可见吸收光谱法同时测定维生素 C 和维生素 E 含量的原理和方法。

二、实验原理

根据朗伯–比尔定律，用紫外–可见吸收光谱法可方便地测定在该光谱区域内有简单吸收峰的某一物质含量。若有两种不同成分的混合物共存，但一种物质的存在并不影响另一共存物质的光吸收性质，则可以利用朗伯–比尔定律及吸光度的加合性，通过解联立方程组的方法对共存混合物分别进行测定。

混合组分在 λ_1 的吸收等于 A 组分和 B 组分分别在 λ_1 的吸光度之和，即

$$A_{\lambda_1} = \varepsilon_{\lambda_1}^A c_A b + \varepsilon_{\lambda_1}^B c_B b$$

$$A_{\lambda_2} = \varepsilon_{\lambda_2}^A c_A b + \varepsilon_{\lambda_2}^B c_B b$$

式中，$\varepsilon_{\lambda_1}^A$、$\varepsilon_{\lambda_1}^B$、$\varepsilon_{\lambda_2}^A$、$\varepsilon_{\lambda_2}^B$ 分别为在波长 λ_1 和 λ_2 时，组分 A 和 B 的摩尔吸收系数，其可通过已知浓度的纯组分溶液求得。

首先确定 A、B 两组分标样（浓度已知）在 λ_1 和 λ_2 处的吸光度，通过解上面的二元一次方程组，即可求出 A、B 两组分在 λ_1 和 λ_2 处的摩尔吸收系数 $\varepsilon_{\lambda_1}^A$、$\varepsilon_{\lambda_1}^B$、$\varepsilon_{\lambda_2}^A$、$\varepsilon_{\lambda_2}^B$，然后测定未知试样在在 λ_1 和 λ_2 处的吸光度，通过解上面的二元一次方程组，即可求出 A、B 两组分各自的浓度 c_A、c_B。

一般地，为了提高测定的灵敏度，λ_1 和 λ_2 应分别选在 A、B 两组分最大吸收峰处或其附近。

维生素 C（抗坏血栓）和维生素 E（α–生育酚）起抗氧剂作用，即它们在

一定时间内能防止油脂变质。两者结合在一起比单独使用的效果更佳，因为它们在抗氧化剂性能方面是"协同的"。因此，它们常作为一种有用的组合试剂应用于各种食品中。

抗坏血酸是水溶性的，α–生育酚是脂溶性的，但它们都能溶于无水乙醇，因此能用在同一溶液中根据双组分的测定原理测定它们。

三、仪器与试剂

1. 仪器

（1）紫外–可见分光光度计。

（2）石英比色皿。

（3）容量瓶。

（4）吸量管。

2. 试剂

（1）抗坏血酸储备液（7.50×10^{-5} mol/L）：准确称取 0.013 2 g 抗坏血酸溶于无水乙醇中，并用无水乙醇定溶至 1 000 mL。

（2）α–生育酚储备液（1.13×10^{-4} mol/L）：准确称取 0.048 8 g α–生育酚溶于无水乙醇中，并用无水乙醇定容至 1 000 mL。

（3）无水乙醇。

四、实验步骤

（1）配制标准溶液，具体操作如下：

分别取抗坏血酸储备液 4.00 mL、6.00 mL、8.00 mL、10.00 mL 于 4 个 50 mL 容量瓶中，用无水乙醇稀释至刻度，摇匀。

分别取 α–生育酚储备液 4.00 mL、6.00 mL、8.00 mL、10.00 mL 于 4 个 50 mL 容量瓶中，用无水乙醇稀释至刻度，摇匀。

（2）绘制吸收光谱。以无水乙醇为参比，在 320~220 nm 范围测定抗坏血酸和 α–生育酚的吸收光谱，并确定 λ_1 和 λ_2。

（3）绘制标准曲线。以无水乙醇为参比，在波长 λ_1 和 λ_2，分别测定步骤（1）

配制的 8 个标准溶液的吸光度。

（4）未知液的测定。取未知液 5.00 mL 于 50 mL 容量瓶中，用无水乙醇稀释至刻度，摇匀。在 λ_1 和 λ_2 分别测其吸光度。

五、数据处理

（1）绘制抗坏血酸和 α–生育酚的吸收光谱，确定 λ_1 和 λ_2。

（2）分别绘制抗坏血酸和 α–生育酚在 λ_1 和 λ_2 时的 4 条标准曲线，求出 4 条直线的斜率，即 $\varepsilon_{\lambda_1}^{C}$、$\varepsilon_{\lambda_2}^{C}$、$\varepsilon_{\lambda_1}^{E}$、$\varepsilon_{\lambda_2}^{E}$。

（3）计算未知液中抗坏血酸和 α–生育酚的浓度。

六、注意事项

抗坏血酸会缓慢地氧化成脱氢抗坏血酸，所以必须在每次实验时现配。

七、思考题

（1）写出抗坏血酸和 α–生育酚的结构式，并解释一个是"水溶性"、另一个是"脂溶性"的原因。

（2）使用本方法测定抗坏血酸和 α–生育酚是否灵敏？解释其原因。

第七章　电化学分析法

7.1　概　　述

电化学分析法是利用电极电位与浓度的关系测定物质含量的分析方法。将指示电极（对待测离子响应的电极）、参比电极（其电位数值恒定）和待测试液组成原电池，测定其电动势即可进行定量分析。根据测量方式的不同可将其分为直接电位法（电位测定法）和电位滴定法。在进行电位分析时，原电池可表示为

指示电极|待测离子溶液||参比电极

电池的电动势为

$$E = \varphi_{\text{参比}} - \varphi_{\text{指示}}$$

其中，常用的参比电极是甘汞电极、银–氯化银电极等；常用的指示电极是离子选择性电极。

离子选择性电极是一类对溶液中特定离子具有选择性电位响应的电化学传感器，离子选择性电极中有一敏感膜，能使特定离子与敏感膜中的离子产生离子交换，从而产生膜电位。在一定条件下，膜电位 $\varphi_{\text{膜}}$ 和特定离子活度 a_{M} 间的关系符合能斯特（Nernst）方程式，即

$$\varphi_{\text{膜}} = K + \frac{RT}{nF} \ln a_{\text{M}}$$

指示电极的电极电位 $\varphi_{\text{指示}}$ 为内参比电极电位（恒定值）与膜电位之和，可

用公式表示为

$$\varphi_{指示}=K'+\frac{RT}{nF}\ln a_M$$

式中，$K'=K+\varphi_{参比}$。电池的电动势则可表示为

$$E=\varphi_{参比}-\varphi_{指示}=\varphi_{参比}-K'-\frac{RT}{nF}\ln a_M=K''-\frac{RT}{nF}\ln a_M$$

式中，$K''=\varphi_{参比}-K'$。因此，测定电池的电动势即可求得待测离子的活度和浓度。

　　直接电位法就是通过测量电池电动势，利用电动势与待测组分活（浓）度之间的函数关系，直接测定试样溶液中待测组分活（浓）度的方法。其常分为溶液 pH 的测定和其他离子浓度的测定。其中，溶液的 pH 通常采用 pH 复合电极，通过二次定位法测定。对于其他离子浓度的测定，常用的方法有标准曲线法和标准加入法。标准曲线法是通过配制一系列浓度（c）不同的标准溶液，在相同的实验条件下分别测定各溶液的电位值（E），绘制 E-c 曲线，然后在同样的实验条件下测定待测溶液的 E，从标准曲线上查出相应的浓度。此法适用于大批量同一类型的试样分析，但实验条件必须一致。标准加入法是将一定量已知浓度的标准溶液加入待测溶液中，测定加入标准溶液前、后电池的电动势差，由此计算待测溶液的浓度。此法适用于组成比较复杂、份数比较少的试样。

　　电位滴定法就是在滴定过程中通过测量电位变化以确定滴定终点的方法，在滴定反应进行到化学计量点附近时，待测物质的浓度发生变化，致使电极电位发生突跃，这样就可以利用电极电位的突跃来确定滴定反应的终点。和直接电位法相比，电位滴定法不需要准确测量电极电位值，因此，温度、液体接界电位的影响并不重要，其准确度和精密度优于直接电位法。相比于普通滴定法，电位滴定法更适用于滴定突跃不明显或试液有色、浑浊、用指示剂指示终点有困难的滴定分析。

7.2 实 验 部 分

实验 7–1 离子选择电极测定水中氟含量

一、实验目的

（1）掌握电化学分析法的基本原理。

（2）学会使用离子选择电极法测定水中氟含量。

二、实验原理

氟离子选择电极是以氟化镧单晶片为敏感膜的电化学分析法指示电极，对溶液中的氟离子具有良好的选择性。氟电极与饱和甘汞电极组成的电池可表示为

$$\text{Ag,AgCl} \left| \begin{pmatrix} 10^{-3}\,\text{mol} \cdot \text{L}^{-1}\text{NaF} \\ 10^{-1}\,\text{mol} \cdot \text{L}^{-1}\text{NaCl} \end{pmatrix} \right| \text{LaF}_3 \mid \text{F}^-_{\text{试液}} \vdots \text{KCl(饱和)}, \text{Hg}_2\text{Cl}_2 \mid \text{Hg}$$

$$E(\text{电池}) = E(\text{SCE}) - E(\text{F}) = E(\text{SCE}) - k + \frac{RT}{F}\ln a(\text{F,外})$$

$$= K + \frac{RT}{F}\ln a(\text{F,外}) = K + 0.059 \lg a(\text{F,外})$$

式中，0.059 为 25 ℃时电极的理论响应斜率，其他符号具有通常意义。

用离子选择电极测量的是溶液中的离子活度，而通常定量分析需要测量的是离子的浓度，不是活度，所以必须控制试液的离子强度。如果测量试液的离子强度维持一定，则上述方程可表示为

$$E_{(\text{电池})} = K + 0.059 \lg c_F$$

用氟离子选择电极测量氟离子时，最适宜的 pH 范围为 5.5～6.5。pH 过低，

易形成 HF 或 HF_2^-，从而影响氟离子的活度；pH 过高，易引起单晶膜中 La^{3+} 水解，形成 $La(OH)_3$，从而影响电极的响应，故通常用 pH=6 的柠檬酸盐缓冲溶液来控制溶液的 pH。柠檬酸盐还可消除 Al^{3+}、Fe^{3+}（生成稳定的络合物）的干扰。

使用总离子强度缓冲调节剂（TISAB），既能控制溶液的离子强度，又能控制溶液的 pH，还可消除 Al^{3+}、Fe^{3+} 对测定的干扰。TISAB 的组成要视被测溶液的成分及被测离子的浓度而定。

当试液的组成比较复杂，与标准工作曲线法所用的标准溶液基本匹配有困难时，采用标准加入法更为方便和准确。标准加入法是将已知体积的标准溶液加到已知体积的试液中，根据电位的变化来求试液中被测离子的浓度。标准加入法又分为单次标准加入法和连续标准加入法。本实验采用单次标准加入法计算溶液中的氟离子浓度。

三、仪器与试剂

1. 仪器

（1）离子计或 pH/mV 计。

（2）电磁搅拌器。

（3）氟离子选择电极。

（4）饱和甘汞电极。

2. 试剂

（1）1.00×10^{-1} mol/L 氟离子的标准储备液：称取分析纯试剂 NaF（在 120 ℃下烘 2 h）1.050 g 于烧杯中，用去离子水溶解，定量转入 250 mL 容量瓶中，用水稀释至刻度，储存于聚乙烯瓶中，备用。

（4）1.00×10^{-3} mol/L 氟离子的标准使用液：准确移取 1 mL 1.00×10^{-1} mol/L 氟离子标准储备液于 100 mL 容量瓶中，用去离子水稀释至刻度，摇匀。

（5）总离子强度缓冲调节剂（TISAB）：分别称取 NaCl 58 g、柠檬酸钠（$Na_3C_6H_5O_7 \cdot 2H_2O$）12 g 溶于 800 mL 去离子水中，加入 57 mL 冰醋酸，用 500 g/L NaOH 调节 pH=5.0～5.5，待其冷却至室温，用去离子水稀释至 1 L。

四、实验步骤

（1）氟离子选择电极的准备。

接通仪器电源，预热 20 min，校正仪器，调仪器零点。氟电极接仪器负极接线柱，甘汞电极接仪器正接线柱。将两电极插入蒸馏水中，开动搅拌器，使电位小于–200 mV。若读数大于–200 mV，则更换蒸馏水，如此反复几次即可达到电极的空白值。若仍不能使电位小于–200 mV，则可用金砂纸轻轻擦拭氟电极，继续清洗至–220 mV。

（2）标准曲线的制作。

分别吸取（$1.00×10^{-3}$ mol/L）氟离子标准使用液 0.50 mL、0.70 mL、1.00 mL、3.00 mL、5.00 mL、10.00 mL 于 100 mL 容量瓶中，加入 20 mL TISAB 溶液，用去离子水稀释至刻度。将标准系列溶液由低浓度到高浓度依次转入干的塑料杯中，并将电极插入被测试液。开动搅拌器 5～8 min 后，停止搅拌，读取平衡电位（注意：测定时，需由低浓度到高浓度依次测定）。在普通坐标纸上做 E～$\lg c_{F^-}$ 曲线。

（3）水样的测定。

吸取自来水样 50.00 mL 于 100 mL 容量瓶中，加 20 mL TISAB 溶液，用水稀释至刻度，把溶液全部转入塑料杯中，测定 E_1 值并记录（在测定水样之前，需要去离子水洗电极至空白电位–220 mV）。然后加入 1.00 mL $1.00×10^{-3}$ mol/L 氟离子标准使用液，同样测出电位值 E_2，计算其差值 ΔE（$\Delta E = E_2 - E_1$）。

五、数据处理

（1）在普通坐标纸上以 E 对 $\lg c_{F^-}$ 作图绘制标准工作曲线，求出该氟离子选择电极的响应斜率。

（2）根据所测水样的 E_1 值从标准曲线上查出氟离子浓度，计算水样中氟的浓度 c_{F^-}。

（3）根据步骤（3）一次标准加入法所得 ΔE 和实际测定的电极响应斜率 S 代入下述方程

$$c_x = \frac{c_s V_s}{V_x + V_s}(10^{\Delta E/S} - 1)^{-1}$$

计算水样中氟离子浓度。

式中，c_s 和 V_s 分别为标准溶液的浓度和体积，c_x 和 V_x 分别为水样的氟离子浓度和体积。

六、注意事项

（1）氟离子选择电极应从浓度低的溶液测起，避免氟离子选择电极的滞后效应。

（2）在标准曲线测试完之后、测样品之前，需要用去离子水清洗氟离子选择电极至空白值。

（3）氟离子选择电极晶片膜勿与硬物碰擦，如果有油污，则应先用酒精棉球轻擦，再用去离子水洗净。

（4）在氟离子选择电极使用完毕后，应该先清洗到空白值，再浸泡在去离子水中，长久不用则用干法保存。

七、思考题

（1）本实验中加入总离子强度调节缓冲液溶液的目的是什么？

（2）为什么要把氟电极的空白电位洗至–220 mV？

实验 7–2　乙酸的电位滴定分析及其解离常数的测定

一、实验目的

（1）学习电位滴定的基本原理和操作技术。

（2）运用 pH–V 曲线法确定滴定终点。

（3）学习弱酸解离常数的测定方法。

二、实验原理

乙酸（CH_3COOH，简写为 HAc）为一种弱酸，其 $pK_a=4.74$，当以标准碱溶液滴定乙酸试液时，在化学计量点附近可以观察到 pH 的突跃。

在试液中插入复合玻璃电极，组成如下工作电池，即

Ag,AgCl‖HCl（0.1 mol/L）|玻璃膜|HAc 试液‖KCl（饱和）|Hg_2Cl_2,Hg

该工作电池的电动势在 pH 计上表示为滴定过程中的 pH 值，记录加入标准碱溶液的体积 V 和相应被滴定溶液的 pH 值，然后由 pH–V 曲线或（$\Delta pH/\Delta V$）–V 曲线来求得终点时消耗的标准碱溶液的体积，也可用二次微分法，于 $\Delta^2 pH/\Delta V^2=0$ 处确定终点。根据标准碱溶液的浓度、消耗的体积和试液的体积，即可求得试液中乙酸的浓度或含量。

根据乙酸的离解平衡

$$HAc = H^+ + Ac^-$$

可得，离解常数

$$K_a=[H^+][Ac^-]/[HAc]$$

当滴定分数为 50%时，$[HAc]=[Ac^-]$，$K_a=[H^+]$，即 $pK_a=pH$。因此，在滴定分数为 50%处的 pH 值，即为乙酸的 pK_a 值。

三、仪器与试剂

1. 仪器

（1）pH 计。

（2）复合玻璃电极。

（3）20 mL 碱式滴定管。

2. 试剂

（1）0.100 0 mol/L 草酸标准溶液。

（2）0.1 mol/L NaOH 溶液（浓度待标定）。

（3）乙酸试液（浓度约为 0.1 mol/L）。

（4）0.05 mol/L 邻苯二甲酸氢钾溶液，pH=4.00（20 ℃）。

（5）0.05 mol/L Na_2HPO_4+0.05 mol/L KH_2PO_4 混合溶液，pH =6.88（20 ℃）。

四、实验步骤

（1）打开 pH 计电源开关，预热 30 min，接好复合玻璃电极。

（2）用 pH=6.88（20 ℃）和 pH=4.00（20 ℃）的缓冲溶液对 pH 计进行两点定位。

（3）NaOH 溶液的标定。

准确吸取 5.00 mL 草酸标准溶液于 50 mL 小烧杯中，再加入约 25 mL 的水；放入搅拌磁子，浸入 pH 复合电极；开启电磁搅拌器（注意磁子不能碰到电极），用待标定的 NaOH 溶液进行滴定，1 mL 读数一次，待到化学计量点附近时（即 pH 变化较快时），每隔 0.10 mL 读数一次，记录每个点对应的体积和 pH 值。

（4）乙酸含量和 pK_a 的测定（仿照 NaOH 溶液标定中粗测和细测步骤）。

准确吸取 10.00 mL 乙酸试液于 50 mL 小烧杯中，再加水约 20 mL；放入搅拌磁子，浸入 pH 复合电极；开启电磁搅拌器（注意磁子不能碰到电极），用待标定的 NaOH 溶液进行滴定，1 mL 读数一次，待到化学计量点附近时（即 pH 变化较快时），每隔 0.10 mL 读数一次，记录每个点对应的体积和 pH 值。

五、数据处理

1. NaOH 溶液的标定

（1）实验数据及计算。草酸标准溶液标定 NaOH 溶液时的记录表如表 7–1 所示。

表 7–1　草酸标准溶液标定 NaOH 溶液时的记录表

V/mL							
pH							
V/mL							
pH							
V/mL							
pH							

（2）作 pH–V 曲线，找出滴定终点体积 V_{ep}。

（3）计算 NaOH 溶液的浓度。

2. 乙酸含量和离解常数 K_a 的测定

（1）实验数据及计算。记录表如表 7–2 所示。

表 7–2　乙酸含量和离解常数 K_a 测定时的记录表

V/mL							
pH							
V/mL							
pH							
V/mL							
pH							

按照上述 NaOH 溶液浓度标定时的数据处理方法，求出滴定终点 V_{ep}。

（2）计算乙酸原始试液中乙酸的浓度。

（3）在 pH–V 曲线上，查出体积相当于 $\frac{1}{2}\Delta V_{ex}$ 时的 pH 值，即为乙酸的 pK_a 值。

六、注意事项

（1）pH 复合电极在使用前必须在 KCl 溶液中浸泡活化 24 h；电极膜很薄、易碎，使用时应十分小心。

（2）切勿把搅拌磁子连同废液一起倒掉。

七、思考题

（1）用电位滴定法确定终点与指示剂法相比有何优缺点？

（2）当乙酸完全被氢氧化钠中和时，反应终点的 pH 是否等于 7？为什么？

第八章 气相色谱法

8.1 概　　述

色谱法是一种分离技术。气相色谱法（Gas Chromatography，GC）是以气体（载气）为流动相的一种色谱法。当流动相携带欲分离的混合物流经固定相时，由于混合物中各组分的性质不同，与固定相作用的程度也有所不同，因而组分在两相间具有不同的分配系数。经过相当多次的分配之后，各组分在固定相中的滞留时间有长有短，从而使各组分依次流出色谱柱而得到分离。

气相色谱中常用的载气有氮气、氢气等，这类气体自身不与待测组分发生反应，当试样组分随载气通过色谱柱而得到分离后，根据流出组分的物理或物理化学性质，可选用合适的检测器予以检测，得到电信号随时间变化的色谱流出曲线，也称色谱图，如图 8-1 所示。可根据色谱组分峰的出峰时间（保留值），进行色谱定性分析；峰面积或峰高则与组分的含量有关，可用其进行色谱定量分析。

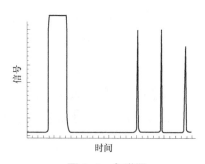

图 8-1　色谱图

气相色谱法是一种高效能、选择性好、分析速度快、灵敏度高、操作简便及应用范围广泛的分离分析方法。只要在气相色谱适用的温度范围内，具有 20～1 300 Pa 蒸气压或沸点在 500 ℃以下、热稳定性好，且相对分子质量在 400 以下的物质，原则上均可采用气相色谱法进行分析。

8.2　实 验 部 分

实验 8-1　气相色谱法测定混合芳烃中甲苯的含量

一、实验目的

（1）学习并熟悉气相色谱的原理、方法和应用。

（2）熟悉气相色谱仪的组成，掌握其基本操作过程和使用方法。

（3）掌握外标法测定样品的原理和方法。

二、实验原理

气相色谱法主要是利用物质的沸点、极性及吸附性的差异来实现混合物的分离。待分析样品在气化室气化后被载气带入色谱柱，柱内含有液体（流动相）或固体（固定相），由于样品中各组分的沸点、极性或吸附性不同，每种组分都倾向于在流动相和固定相之间分配或形成吸附平衡。载气的流动使样品组分在运动中进行反复多次的分配或吸附/解吸附，结果导致在载气中分配浓度大的组分先流出色谱柱，而在固定相中分配浓度大的组分后流出（定性的依据）。当组分流出色谱柱后，立即进入检测器。检测器能够将样品组分的存在与否转变为电信号，而电信号的大小与被测组分的量和浓度成比例（定量的依据）。

外标法就是在与待测样品相同的色谱条件下单独测定标准物质，将得到色谱峰面积与待测组分的色谱峰面积进行比较求得被测组分的含量。通过配制一系列组成与待测样品相近的标准溶液，按标准溶液谱图，可求出每个组分浓度或量与相应峰面积或峰高的校准曲线。按照相同色谱条件进行测试，获得待测样品色谱图并得到相应组分的峰面积或峰高；然后，根据校准曲线可求出待测样品浓度或量。在实际分析中，可采用单点校正法，只需配制一个与测定组分浓度相近的标样，根据物质含量与峰面积的线性关系，当测定试样与标样体积相等时，有

$$m_i = m_s \times A_i / A_s$$

式中，m_i、m_s 分别为试样、标样中所测化合物的质量（或浓度）；A_i、A_s 分别为试样、标样中所测化合物的对应峰面积（也可用峰高代替）。

外标法适于大量地分析样品，因为仪器随着使用会有所变化，因此需要定期进行曲线校正。此法的特点是操作简单、计算方便、不需测量校正因子、适于自动分析。但仪器的重现性和操作条件的稳定性必须保证，否则影响实验结果。外标物与被测组分虽然同为一种物质，但要求它有一定的纯度，分析时外标物的浓度应与被测物浓度接近，以利于定量分析的准确性。

三、仪器与试剂

1. 仪器

（1）气相色谱仪（带氢火焰离子化检测器，FID）。

（2）毛细滴管色谱柱（DB-5）：30 m×0.25 mm×0.25 μm。

（3）微量进样器。

（4）氢气钢瓶。

（5）氮气钢瓶。

（6）空气钢瓶。

2. 试剂

（1）甲苯。

（2）样品。

四、实验步骤

（1）配制甲苯标准溶液：以正己烷为溶剂，于 5 mL 或 10 mL 容量瓶中配制浓度为 10 ppm① （体积比）的甲苯标准溶液。

（2）开机（具体操作方法见气相色谱仪操作规程）。

（3）最佳实验条件的选择和调试：选出最佳的进样口、柱温和检测器的温度；载气（氮气）、空气和氢气的流量。

（4）用微量进样器取 1 μL 的甲苯标准溶液于气相色谱仪中进行分析，记录色谱图上甲苯的保留时间和峰面积。

（5）用微量进样器取 1 μL 的待测样品于气相色谱仪中进行分析，记录色谱图上峰的保留时间和峰面积。

（6）关机（具体操作方法见色谱仪的操作说明）。

五、结果处理

（1）记录实验条件。

（2）根据甲苯标样的保留时间来确定样品中哪个峰是甲苯的色谱峰。

（3）根据峰面积采用单点校正法对待测样品中甲苯的含量进行定量。

六、注意事项

（1）气相色谱仪使用氢气气源，应禁止明火和吸烟。

（2）气相色谱仪属于贵重精密仪器，使用仪器前一定要熟悉仪器的操作规程，在教师指导下进行练习，不可随意操作。

（3）为获得较好的精密度和色谱峰形状，进样速度要快而果断，并且每次进样速度、留针时间应保持一致。

---

① 1 ppm=1×10⁻⁶。

七、思考题

（1）气相色谱法的基本原理是什么？

（2）外标法定量的特点是什么？它的主要误差来源有哪些？

实验 8–2　外标法测定白酒中的甲醇含量

一、实验目的

（1）学习气相色谱仪的组成，并掌握基本的操作过程和使用方法。

（2）掌握外标法测定样品的原理和方法。

（3）了解气相色谱法在产品质量控制中的应用。

二、实验原理

在酿造白酒的过程中，不可避免地有甲醇产生。甲醇是有毒的化工产品，对人体有危害，只要食用 10 g 甲醇即可使人致命。同时它对于视神经危害尤为严重，能引起视力模糊、眼疼、视力减退甚至失明。我国对蒸馏酒及配制酒的卫生标准规定：凡是以各种谷类为原料制成的白酒，其甲醇的含量不得超过 0.4 g/L；以薯类为原料制成的白酒，则不得超过 1.2 g/L。事实上，只要是按正常酿造工艺组织生产，即使是最普通的白酒，甲醇含量也不至于超过限量标准。但是，有些不良商家为了获得较高的利润，采用含有高剂量甲醇的工业酒精或直接用甲醇来配制白酒，从而引起中毒。因此，测定白酒中的甲醇含量就显得很重要。

气相色谱法就是利用物质的沸点、极性及吸附性质的差异来实现混合物的分离，可用于检测白酒中的甲醇含量，通常采用外标法进行测定。

本实验白酒中甲醇含量的测定采用外标法中的单点校正法，即在相同的操作条件下，分别将等量的试样和含甲醇的标准样进行色谱分析，由保留时间确定试样中是否含有甲醇，比较试样和标准样品中甲醇峰的峰高，以确定试样中甲醇的含量。

三、仪器与试剂

1. 仪器

（1）气相色谱仪（氢火焰离子化检测器）。

（2）石英毛细滴管柱。

（3）微量注射器（10 μL）。

2. 试剂

（1）甲醇（色谱纯）。

（2）乙醇。

四、实验步骤

1. 仪器条件

气体流量：载气（氮气）流量 40 mL/min；氢气流量 40 mL/min；空气流量 450 mL/min。

进样量：1 μL；柱温：100 ℃；进样器温度：150 ℃；检测器温度：150 ℃。

2. 标准溶液的配制

以体积分数为 60%的乙醇溶液为溶剂，分别配制质量浓度为 0.1 g/L、0.2 g/L、0.3 g/L、0.4 g/L、0.5 g/L 和 0.6 g/L 的甲醇标准溶液。

3. 进样分析

用 10 μL 微量注射器取样并进样 1 μL 标准溶液，得到色谱图。在相同条件下进白酒样品 1 μL，得到色谱图。

五、数据处理

（1）根据标样中甲醇的保留时间来确定样品中是否含有甲醇。

（2）计算白酒样品中甲醇的含量，其计算公式为

$$w_i = w_s \times h_i / h_s$$

式中，w_i 为白酒样品中甲醇的质量浓度，单位为 g/L；w_s 为标准溶液中甲醇的

质量浓度，单位为 g/L；h_i 为白酒样品中甲醇的峰高；h_s 为标准溶液中甲醇的峰高。

比较 h_i 和 h_s 的大小即可判断白酒中甲醇是否超标。

六、注意事项

（1）由于甲醇和乙醇是属于极性化合物，故应该使用极性色谱柱，如 wax 柱。

（2）进样时应小心操作，微量注射器避免折弯；使用完毕要及时清洗仪器。

七、思考题

（1）气相色谱仪的基本构造是什么？

（2）氢火焰离子化检测器是否对任何物质都有响应？

实验 8–3　内标法定量分析正已烷中的环已烷

一、实验目的

（1）了解内标法的原理以及选择内标物的原则。

（2）学会用内标法进行定量分析。

二、实验原理

内标法也是常用的一种比较准确的定量方法。当样品中的所有组分因各种原因不能全部留出色谱柱或检测器不能对各组分都有响应或只需测定样品中某几个组分时，可利用待测物和内标物的质量及其在色谱图上的峰面积比，求出被测组分的含量，其计算公式为

$$P_i = \frac{A_i f_i W_s}{A_s f_s W_m} \times 100\%$$

式中，P_i 是组分 i 的质量分数；W_m、W_s 分别是样品和内标物的质量；A_i、A_s 分别是被测组分和内标物的峰面积；f_i、f_s 分别是被测组分和内标物的质量校正因子。内标法要求选择一个适宜的内标物，它在样品中不存在，当加入内标物进行色谱分离时，在色谱图上它应与被测组分靠近并与其他组分完全分离，内标物的量也应与被测组分的量相当，以提高定量分析的准确度。

三、仪器与试剂

1. 仪器

（1）气相色谱仪。

（2）带氢火焰检测器。

（3）色谱柱型号：GDX–401（80～100 目，ϕ 4 mm×2 m）。

2. 试剂

（1）氢气。

（2）氮气。

（3）压缩空气。

（4）正己烷和环己烷。

（5）内标物为甲苯。

（6）未知样品。

四、实验步骤

（1）通载气（氮气），调节流速为 30 mL/min。

（2）设置进样口、柱箱温度，分别为 150 ℃、98 ℃，并开始升温。

（3）通氢气和压缩空气，流速分别为 50 mL/min 和 500 mL/min。

（4）启动点火装置并检查氢火焰是否已点燃。

（5）输入气相色谱仪的定性和定量参数及程序。

（6）待气相色谱仪稳定后，用微量注射器注入未知样 0.5 μL，记录保留时间。

（7）将 0.2 μL 环己烷和正己烷的标样分别注入色谱柱，记下各自的保留时间。

（8）注入 1 μL 按质量浓度配制的已知浓度的正己烷、环己烷、甲苯混合物标样，记录保留时间和峰面积，此步骤重复 3 次（用于计算组分的校正因子）。

（9）称量未知物。

（10）称量内标物，将其加入上述未知物中，并混合均匀。

（11）取 1 μL 含有内标物的未知样品注入色谱柱，记录保留时间和峰面积，此步骤重复 3 次。

（12）待实验结束后，关闭电源、氢气、压缩空气；待柱温降至室温后关闭载气。

五、数据处理

（1）列表整理保留值及峰面积的数据。

（2）计算校正因子（绝对校正因子和相对校正因子）。

（3）计算环己烷的含量。

（4）与外标法定量结果进行比较。

六、注意事项

（1）在点燃氢火焰离子化检测器时，可先通入氢气，以排除气路中的空气。然后，通入大于 50 mL/min 的氢气和小于 500 mL/min 的空气（这样容易点燃），点燃，再调整到工作流速（氢气的流速为 50 mL/min，空气的流速为 500 mL/min）。

（2）检测器的灵敏度范围设置要适当，以保持稳定的基线。

（3）切勿将大量氢气排入室内。

七、思考题

（1）内标物的选择原则是什么？

（2）内标法是如何进行定量分析的？

第九章 高效液相色谱法

9.1 概 述

高效液相色谱（High Performance Liquid Chromatography，HPLC）法是以液体为流动相的一种色谱分析法，它的基本概念及理论基础，如保留值、塔板理论、速率理论、容量因子和分离度等，与气相色谱法基本一致，但又有不同。高效液相色谱与气相色谱的主要区别可归结于以下几点：

（1）由于流动相的不同，在待测组分与流动相之间，流动相与固定相之间也都存在着一定的相互作用力。

（2）由于液体的黏度较气体大两个数量级，所以待测组分在液体流动相中的扩散系数比在气体流动相中小 4～5 个数量级。

（3）由于流动相的选择范围广泛，并可配制成二元或多元体系来满足梯度洗脱的需要，因而提高了高效液相色谱的分辨率。

（4）高效液相色谱采用 3～10 μm 细颗粒固定相，使流动相在色谱柱上的渗透性大大减小，流动阻力增大，故必须借助高压泵输送流动相。

（5）高效液相色谱是在液相中对待测组分进行检测，通常采用灵敏的湿法光度检测器，例如紫外检测器、示差折光检测器、荧光检测器等。

高效液相色谱同样具有高灵敏、高效能和高速度的特点，但它的应用范围更加广泛。据估计，在已知的数千万种有机化合物中，仅有 20% 可以不经过化学预处理，直接采用气相色谱分析；对于总数的 75%～80%则可直接采用高效液相色谱进行分离分析，特别是许多高沸点、难挥发、热稳定性差的物质，如生物化学制剂、金属有机配合物等物质的分离分析，尤其需借助于高效液相色谱法。目前，高效液相色谱法已得到越来越广泛的应用。

根据固定相的类型和分离机制，高效液相色谱又可分为化学键合相色谱、液–固吸附色谱、离子交换色谱和空间排阻色谱等类型。

高效液相色谱的定性和定量分析方法与气相色谱法相似。在定性分析中，采用保留值定性，或与其他定性能力强的仪器分析法（如与质谱法、核磁共振波谱法等）联用。在定量分析中，采用外标法、内标法或峰面积归一化法等定量，其中外标法定量应用较为广泛。

9.2　实　验　部　分

实验 9–1　高效液相色谱法分析水样中酚类化合物

一、实验目的

（1）掌握高效液相色谱仪的基本原理和使用方法。

（2）了解高效液相色谱法分离非极性、弱极性化合物的基本原理。

（3）以水中苯酚类化合物为例，学会用高效液相色谱进行定性和定量分析。

二、实验原理

酚类是指苯环或稠环上带有羟基的化合物。酚类对人体具有致癌、致畸、致突变的潜在毒性，毒性大小与它的基团和结构以及取代基的大小、位置、分布状态有关。因此，国内对水中酚类化合物的检测非常重视。气相色谱法分离效果好，灵敏度高，但衍生化过程烦琐，所需试剂合成困难、毒性大。高效液相色谱法可同时分离分析各种酚类化合物，并保持原化合物的组成不变，直接测定。

应用高效液相色谱法进行混合物的分离及定量、定性分析包括以下内容：

（1）色谱柱的选择。本实验采用高效液相色谱法分析水中的酚类物质。根据酚类物质的极性，色谱柱可以选择 C_8 或 C_{18} 烷基键合相填料的色谱柱。

（2）流动相的选择。高效液相色谱所采用的流动相通常是水或缓冲液与极性有机溶剂如甲醇、乙腈的混合溶液。在分离分析疏水性很强的实际样品时，也可采用非水流动相从而提高其洗脱能力。本实验为分析水相中的酚类物质，若选择 C_8 柱，则可以甲醇:水=20:80（体积比）作流动相，流速为 0.8 mL/min；若选用 C_{18} 柱，则流动相可选择 45%～80%的乙腈，或 20%乙腈及 80% 0.01 mol/L 磷酸混合液，流速为 1.5 mL/min，柱温为 35 ℃。

（3）定性分析。本实验采用绝对保留时间法进行定性分析。测定已知标准物质的保留时间，当待测组分的保留时间在已知标准物质的保留时间所预定的范围内即被鉴定。

（4）定量分析。本实验采用外标法进行定量分析。

（5）评价色谱柱。通过实验数据计算下列参数评价色谱柱：柱效（理论塔板数）n、容量因子 K'、相对保留值 α（选择因子）、分离度 R。为达到好的分离，希望 n、α 和 R 尽可能大。对于一般的分离（如 $\alpha=1.2$，$R=1.5$），n 需达到 2 000；柱压一般为 104 kPa 或更小。

（6）参考色谱操作条件。色谱柱：（4.6 mm×150 mm，5 μm）C_8 或 C_{18} 柱；柱温：35 ℃；流动相：甲醇:水=20:80（有报道 55:45 为最佳）；或 20%乙腈/80% 0.01 mol/L H_3PO_4、45%乙腈（7.5 min 内）至 80% 乙腈（2 min 内），流速为 1.5 mL/min；紫外检测波长：270 nm；进样量：20 μL。

三、仪器与试剂

1. 仪器

（1）高效液相色谱仪。

（2）DAD 检测器。

（3）C_8 色谱柱或 C_{18} 色谱柱（4.6 mm×150 mm，5 μm）。

（4）20 μL 定量环。

（5）25 μL 微量进样器。

（6）溶剂过滤器。

（7）滤膜（水相和有机相，0.45 μm）。

（8）超声清洗器。

（9）螺纹口样品玻璃瓶。

（10）棕色容量瓶。

（11）移液管。

2. 试剂

（1）邻苯二甲酚。

（2）间苯二酚。

（3）对苯二酚。

（4）甲醇（色谱纯）或乙腈（色谱纯）。

（5）异丙醇（色谱纯）。

四、实验步骤

（1）配制各组分的标准溶液。分别准确称取 50 mg（精确到 0.1 mg）邻苯二酚、对苯二酚和间苯二酚，用超纯水溶解后定容至 500 mL 棕色容量瓶中，制成浓度为 100 μg/mL 单一组分的标准溶液，作为定性用标准溶液，避光保存。

（2）配制混合组分的标准溶液。配制含有邻苯二酚、对苯二酚、间苯二酚各 100 μg/mL 的混合标准样品溶液于 50 mL 棕色容量瓶中，避光保存。

（3）配制系列浓度标准溶液。分别准确吸取混合标准溶液 0.2 mL、0.4 mL、0.6 mL、0.8 mL、1.0 mL 于 10 mL 容量瓶中，用水稀释至刻度，摇匀。该系列浓度标准溶液含有邻苯二酚、对苯二酚、间苯二酚浓度分别为 2 μg/mL、4 μg/mL、6 μg/mL、8 μg/mL、10 μg/mL。

（4）样品测定。用微量进样器取 20 μL 标准溶液和试样依据仪器操作步骤进行分析。

五、数据处理

记录实验过程的相关参数和数据，利用色谱工作站进行数据分析和处理。

（1）调出色谱图，进行谱图优化、积分，建立数据表，绘制标准曲线；调用待测样品的色谱图，进行谱图优化、积分，计算测定结果，设置报告打印格式，输出实验报告。

（2）评价色谱柱的性能。根据实验所得结果计算色谱峰的保留时间、半峰宽，然后计算色谱柱参数 n、K' 以及相邻两峰的 α、R。

六、注意事项

（1）本实验的重点是样品和流动相的预处理、液相色谱仪的操作规程以及工作站的使用和数据处理。

（2）注意试剂和样品的前处理，其一定要经过滤膜过滤和脱气后才能使用。

（3）分离时注意观察柱压，若柱压很高，则应检查液路和泵系统是否堵塞，及时更换试剂过滤头和泵上的过滤包头。

（4）注意保护检测器的光源，不检测时可暂时关闭光源以延长灯的使用寿命。

（5）注意保持试剂瓶、样品不受污染，更应防止水样发霉和细菌滋生。

（6）液相色谱仪为贵重精密仪器，使用仪器前一定要熟悉仪器的操作规程，在指导教师的指导下进行练习，不可随意操作。甲醇、乙腈和酚类均为有毒试剂，避免吸入其蒸气或误报；按规定处理有机试剂，杜绝污染环境。

七、思考题

（1）从色谱原理、色谱仪器、操作技术和应用范围等方面，比较气相色谱法和液相色谱法的相同点和不同点。

（2）说明外标法进行色谱定量分析的优点和缺点。

（3）如何保护液相色谱柱。

（4）解释酚类化合物的洗脱顺序。

实验 9-2　反相高效液相色谱法分离测定混合芳烃

一、实验目的

（1）理解反相键合相色谱的分离原理。

（2）掌握高效液相色谱分析的定性、定量分析方法。

（3）了解流动相组成对样品组分保留时间的影响。

（4）学会用反相高效液相色谱法分离测定混合芳烃。

二、实验原理

反相键合相色谱法是一种最常见的反相高效液相色谱法，70%以上的高效液相色分离分析工作是用它完成的。这种方法特别适用于同系物、苯并系物等的分离。十八烷基键合相（ODC 或 C_{18}）是一种最常用的非极性化合键合固定相，而甲醇–水或乙腈–水体系是最常见的极性流动相。

反相键合相色谱法的保留机理目前多用疏溶剂理论解释。疏溶剂理论假定烃基键合相表面是一层均匀的非极性烃类配位基，并认为极性溶剂分子与非极性溶质分子或与溶质分子中的非极性部分互相排斥，溶质与键合相的结合是为了减少受溶剂排斥的面积，而不是由于非极性溶质分子或与溶质分子的非极性部分与键合相烷基之间的作用力。也就是说，反相键合相的保留机理主要是疏水效应起主导作用。

在反相键合相色谱法中，溶质的疏水结构差异是分离的基础。对非离子型化合物，溶质极性越大，保留值越小；对非极性化合物，溶质的表面积越大，保留值越大；对同系化合物，链长越长或苯环越多，保留值越大。

在反相键合相色谱中，溶剂的组成对样品组分的保留值有很大的影响。溶质的保留值随流动相表面张力的减小而减小。常用的溶剂中以水的表面张力最大。若流动相中有机溶剂含量增加，流动相的表面张力将下降，则溶质的保留值减小。例如，对于最常用的甲醇–水流动相体系，溶质的 $\lg k'$ 值与流动相的含水量通常呈线性关系。

苯、甲苯、乙苯、正丙苯和正丁苯等脂肪苯同系物或苯、甲苯、邻–二甲苯和异丙苯等混合芳烃，由于它们的烷基链长或分子表面积有明显的差异，它们在 C_{18} 反相柱上可得到很好的分离。本实验根据物质的保留值进行定性分析，根据峰面积标准工作曲线法进行定量测定。

三、仪器与试剂

1. 仪器

（1）高效液相色谱仪。

（2）C_{18} 色谱柱（4.6 mm×150 mm，5 μm）。

（3）紫外检测器。

（4）平头针微量进样器（25 μL）。

（5）螺纹口样品玻璃瓶。

（6）容量瓶。

（7）吸量管。

2. 试剂

（1）标准混合物溶液：浓度均为 50 mg/mL 的苯、甲苯、乙苯、正丙苯和正丁苯的甲醇溶液。标准混合物溶液也可用苯–甲苯–邻–二甲苯–异丙苯混合芳烃代替，但宜采用（80+20）甲醇—水流动相进行定量分离。

（2）流动相：用重蒸的甲醇和去离子水配制。使用之前应经过过滤和除气处理。

四、实验步骤

（1）实验条件。

色谱柱：C_{18} 柱；流动相：CH_3OH+H_2O（85+15；75+25）；检测波长：254 nm；进样体积：20 μL；流动相流速：1 mL/min；样品：苯–甲苯–乙苯–正丙苯–正丁苯混合液；温度：室温。

（2）更换（85+15）甲醇–水流动相：按高效液相色谱法的操作步骤启动仪

器，使之正常运行，并让色谱系统达到平衡。

（3）标准溶液的配制：取一个 10 mL 容量瓶，移入 1.00 mL 标准混合物溶液，用甲醇稀释至刻度，即各组分的浓度均为 5.0 mg/mL。另取 4 个 10 mL 容量瓶，分别移入上述稀释标准混合物溶液 0.50 mL、1.00 mL、1.50 mL 和 2.00 mL，用甲醇稀释至刻度，各组分的浓度分别为 0.25 mg/mL、0.50 mg/mL、0.75 mg/mL 和 1.00 mg/mL。

（4）流动相组成对保留值的影响。

① 注入 20.0 μL 0.25 mg/mL 标准溶液，记录色谱图。

② 更换（75+25）甲醇–水流动相，让色谱柱达到平衡，重复步骤①。

（5）标准工作曲线的绘制：分别用微量注射器注入 20 μL 不同浓度的标准溶液，记录色谱图。

（6）试液的测定：分别用微量注射器注入 20 μL 试液。

（7）实验结束后，用甲醇清洗色谱系统和注射器，按仪器的操作步骤关机。

五、数据处理

（1）以 0.25 mg/mL 浓度的标准溶液为例，计算两种不同比例的甲醇–水为流动相时，各组分的容量因子 k' 值和相邻两组分的相对保留值（$a = k'_2 / k'_1$）。观察容量因子和相对保留值受流动相中甲醇比例影响的情况。

（2）以峰面积对样品各组分含量绘制标准工作曲线。

（3）根据试液的保留时间和峰面积大小进行定性、定量分析。

六、注意事项

（1）为了获得良好的分析结果，微量进样器的进样量要准确，不得让进样器内含有气泡，针头的残液要用干净滤纸吸干。

（2）微量进样器使用不当容易引起试样污染。当吸取不同试液或试液含量相差较大溶液时，应事先用溶剂将微量注射器内部彻底清洗干净，并用试液抽洗 3 次。

七、思考题

（1）解释色谱图上观察到的出峰次序。

（2）当反相柱上欲分离 3 个相邻的同系物时，若初时未达到完全分离，则应如何实现完全分离？为什么？

（3）用标准工作曲线法定量的优缺点是什么？本实验能否采用峰高标准工作曲线法进行定量分析？为什么？

（4）试分析影响相邻二组分色谱分离度的主要因素，并指出如何提高高效液相色谱的分离度 R_s？

实验 9–3　高效液相色谱法测定饮料中咖啡因的含量

一、实验目的

（1）了解高效液相色谱法测定咖啡因的基本原理。

（2）掌握高效液相色谱仪的操作方法。

（3）掌握高效液相色谱法进行定性及定量分析的基本方法。

二、实验原理

咖啡因又称咖啡碱，属黄嘌呤衍生物，化学名称为 1,3,7–三甲基黄嘌呤，

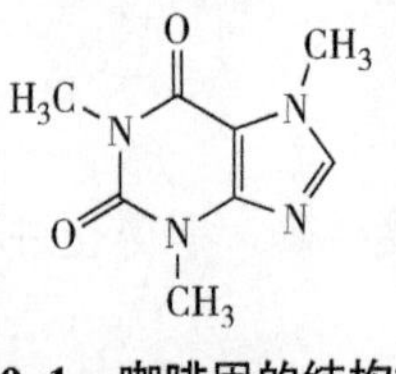

图 9–1　咖啡因的结构式

可从茶叶或咖啡中提取得到。它能兴奋大脑皮层。咖啡中咖啡因的含量占比为 1.2%～1.8%；茶叶中咖啡因的含量占比为 2.0%～4.7%。可乐、复方阿司匹林药品中均含有咖啡因。咖啡因的分子式为 $C_8H_{10}O_2N_4$，结构式如图 9–1 所示。

用高效液相色谱法将饮料中的咖啡因与其他组分（如单宁酸、咖啡酸、蔗糖等）分离后，将已配制的浓度不同的咖啡因标准溶液进入色谱系统，以紫外检测器进行检测。在整个实验过程中，流动相流速是恒定的，测定它们在色谱

图上的保留时间和峰面积后，可直接用保留时间定性，用峰面积作定量分析的参数，采用标准曲线法（外标法）计算饮料中咖啡因的含量。

三、仪器与试剂

1. 仪器

（1）高效液相色谱仪。

（2）C_{18} 色谱柱（4.6 mm×150 mm，5 μm）。

（3）紫外检测器。

（4）溶剂过滤器。

（5）滤膜（有机相和水相，0.45 μm）。

（6）针式过滤器。

（7）超声清洗器。

（8）平头针微量进样器（10 μL）。

（9）螺纹口样品玻璃瓶。

（10）容量瓶。

（11）烧杯。

（12）吸量管。

2. 试剂

（1）甲醇（色谱纯）。

（2）咖啡因（分析纯）。

（3）可口可乐（瓶装）。

（4）雀巢咖啡。

3. 标准溶液的配制

咖啡因储备液（1 000 μg/mL）的配制：将咖啡因在 110 ℃下烘干 1 h，准确称取 0.100 0 g 咖啡因，用超纯水溶解，转移至 100 mL 容量瓶中，定容至刻度，待用。

四、实验步骤

1. 设置色谱条件

柱温：室温；流动相：甲醇:水=60:40（体积比）；流速：1.0 mL/min；检测波长：275 nm。

2. 配制咖啡因系列标准溶液

分别用吸量管量取 1 000 μg/mL 咖啡因储备液 1.00 mL、2.00 mL、3.00 mL、4.00 mL、5.00 mL 于 5 个 50 mL 容量瓶中，用超纯水定容至刻度，浓度分别为 20 μg/mL、40 μg/mL、60 μg/mL、80 μg/mL、100 μg/mL。

3. 样品前处理

（1）将 25 mL 可口可乐置于 100 mL 烧杯中，剧烈搅拌 30 min 或用超声波脱气 5 min，以赶尽二氧化碳，转移至 50 mL 容量瓶中，并定容至刻度（或准确称取雀巢咖啡 0.200 0 g，用超纯水溶解，定容至 50 mL）。

（2）将 2 份样品溶液分别进行干过滤（用干漏斗、干滤纸过滤），弃去前过滤液，取后续滤液，待用。分别取 5 mL 刚处理的可口可乐、咖啡过滤液并用 0.45 μm 滤膜过滤，备用。

4. 绘制标准曲线

待液相色谱仪基线平直后，分别注入咖啡因系列标准溶液 10 μL，重复测定 2 次，要求 2 次所得的咖啡因色谱峰面积基本一致，记下峰面积与保留时间。

5. 样品测定

分别注入已处理好的可口可乐及咖啡样品溶液 10 μL，根据保留时间确定样品中咖啡因色谱峰的位置，重复测定 2 次，记下咖啡因色谱峰的峰面积。

五、数据处理

（1）确定标准样咖啡因和样品中咖啡因的保留时间，记录不同浓度下的峰面积。

（2）根据咖啡因系列标准溶液的色谱图，绘制咖啡因峰面积与其浓度的关系曲线。

（3）根据样品中咖啡因色谱峰的峰面积，由标准曲线计算可口可乐、咖啡中咖啡因的含量（分别用 μg/mL 和 mg/g 表示）。

六、注意事项

（1）液体样品必须经过处理，不能直接进样，因为会影响色谱柱的寿命。

（2）不同牌号的可口可乐、咖啡中咖啡因的含量不大相同，称取样品可酌量增减。

（3）为了获得良好结果，样品和标准溶液的进样量要严格保持一致。

七、思考题

（1）标准曲线法的优缺点是什么？

（2）解释用高效液相色谱法测定咖啡因的理论基础。

（3）样品在干过滤时，为什么要弃去前过滤液？

第十章 综合性实验

10.1 概　　述

　　分析化学是发展和应用各种方法、仪器和策略，以获得有关物质在空间和时间方面组成和性质的信息科学。在实际分析工作中，为了达到一个既定的分析目标，应尽可能多地、准确地获取所需要的信息，需要对被研究的对象进行综合分析，即利用合适的试样预处理手段，结合多种有效的分析测定方法（包括化学分析方法和仪器分析方法），获取试样不同类型的信息，通过对这些信息进行综合解析以达到分析目标。如有些时候，为了确认所获取信息的可靠性，需要采用 2 种或 2 种以上方法对同一试样进行分析，并对分析结果进行比较。然而，在定量分析过程中，对于同一个试样采用不同的方法进行测定，其测定结果不一定相同。造成这种差异的原因可能是存在随机误差，也可能是存在系统误差。通过显著性检验，可以判别误差类型，若是系统误差所致，则需对其中一种方法或结果进行相应的改进。本章设计了 2 个对比实验，分别是"10-1 水中钙的化学分析及仪器分析方法的测定"和"10-4 奶制品及饮料中防腐剂的高效液相色谱和气相色谱对比分析"，通过显著性检验，分析讨论方法的误差来源，并提出解决方案。另外，设计了 2 个分析复杂实际样品的分析实验。

　　以上 4 个实验的实施有助于提高学生综合运用分析化学相关知识来解决实际问题的能力。

10.2　实验部分

实验 10−1　水中钙的化学分析及仪器分析方法的测定

一、实验目的

（1）学习火焰原子吸收光谱仪的使用方法。

（2）理解钙含量的测定方法。

二、实验原理

EDTA 标准溶液的配制：一般用间接法先配成近似浓度的溶液，再用基准物质标定。标定 EDTA 标准溶液的基准物质有 Zn、Cu、ZnO、$CaCO_3$、$MgSO_4 \cdot 7H_2O$、$ZnSO_4 \cdot 7H_2O$ 等。例如，用 $CaCO_3$ 作基准物质标定 EDTA 标准溶液浓度时，调节溶液 $pH \geqslant 12.0$，采用钙指示剂，滴定到溶液由酒红色变为纯蓝色，即为终点。如有 Mg^{2+} 共存，则变色更敏锐。用钙指示剂（H_3Ind）确定终点，在 $pH \geqslant 12$ 时，$HInd^{2-}$ 离子（纯蓝色）与 Ca^{2+} 形成较稳定的 $CaInd^-$ 配离子（酒红色），所以在钙标准溶液中加入钙指示剂时，溶液呈酒红色。当用 EDTA 溶液滴定时，EDTA 与 Ca^{2+} 形成比 $CaInd^-$ 配离子更稳定的 CaY^{2-} 配离子，所以在滴定终点附近 $CaInd^-$ 不断转化为 CaY^{2-}，而该指示剂被游离出，反应为

滴定前：$HInd^{2-}$（纯蓝色）$+Ca^{2+} \longrightarrow CaInd^-$（酒红色）$+H^+$

化学计量点前：$Ca^{2+}+Y^{4-} \longrightarrow CaY^{2-}$

终点：$CaInd^-+H_2Y^{2-}+OH^- \longrightarrow CaY^{2-}+HInd^{2-}+H_2O$

　　　　酒红色　　　　　　　　　　无色　纯蓝色

所以，在达到滴定终点时，溶液由酒红色转变为纯蓝色。

火焰原子吸收光谱法：由待测元素空心阴极灯发射出一定强度和波长的特征谱线的光，当它通过含有待测元素的基态原子蒸汽时，原子蒸汽对特征谱线

的光产生吸收，未被吸收的特征谱线的光经单色器分光后，照射到光电检测器上被检测，根据该特征谱线光强度被吸收的程度，即可测得试样中待测元素的含量。在一定浓度范围内，被测元素的浓度（c）、入射光强（I_0）和透射光强（I）符合 Lambert-Beer 定律，即

$$I=I_0 \times (10^{-abc})$$

式中，a 为被测组分对某一波长光的吸收系数；b 为光经过的火焰的长度。

根据上述关系，配制已知浓度的标准溶液系列，并在一定仪器条件下，依次测定其吸光度；以加入的标准溶液的浓度为横坐标，相应的吸光度为纵坐标，绘制标准曲线。试样经适当处理后，在与测量标准曲线吸光度相同的实验条件下测量其吸光度，在标准曲线上即可查出试样溶液中被测元素的含量，再换算成原始试样中被测元素的含量。

三、仪器与试剂

1. 仪器

（1）火焰原子吸收分光光度计。

（2）钙空心阴极灯。

（3）电子分析天平。

2. 试剂

（1）乙二胺四乙酸二钠（EDTA）。

（2）$CaCO_3$（优级纯）。

（3）1:1 HCl 溶液。

（4）40 g/L 的 NaOH 溶液。

（5）钙指示剂：1 g 钙指示剂与 100 g NaCl 混合磨匀。

四、实验步骤

（一）以络合滴定的化学分析方法测定水中钙的含量

（1）配制 0.025 mol/L EDTA 标准溶液。称取 5.0 g 乙二胺四乙酸二钠

（Na$_2$H$_2$Y · 2H$_2$O）于 500 mL 烧杯中，加 250 mL 纯水，温热使其完全溶解，转入聚乙烯瓶中，用水稀释至 500 mL，摇匀。

（2）配制 0.025 mol/L（即 1.0 g/L）钙标准溶液。准确称取在 110 ℃干燥至恒重的基准物质 CaCO$_3$ 0.625 0 g，置于 250 mL 烧杯中，用少量水润湿，盖上表面皿，从烧杯嘴慢慢加入 1∶1 HCl 至 CaCO$_3$ 完全溶解，加少量水稀释，定量转移至 250 mL 容量瓶中，用水稀释至刻度，摇匀。

（3）EDTA 标准溶液浓度的标定。移取 20.00 mL 0.025 mol/L 钙标准溶液于 250 mL 锥形瓶中，加 5 mL 40 g/L NaOH 溶液及米粒大小的钙指示剂，摇匀后，用 EDTA 标准溶液滴定至溶液由酒红色恰变成纯蓝色，即为终点。平行做 3 份，计算 EDTA 标准溶液的浓度，其相对平均偏差不大于 0.2%。

（4）水中钙浓度的测定。移取自来水样 100 mL 于锥形瓶中，加入 5 mL 40 g/L NaOH 溶液及米粒大小的钙指示剂，摇匀后，用 EDTA 标准溶液滴定至溶液由酒红色恰变成纯蓝色，即为终点。平行做 3 份，计算自来水中钙的浓度（mg/L），其相对平均偏差不大于 0.3%。

（二）以火焰原子吸收分光光度法测定水中钙含量

1. 钙溶液的配制

（1）配制 100 mg/L 钙标准使用溶液：移取 1.0 g/L 的钙标准溶液 5 mL 于 50 mL 容量瓶中，用纯水稀释至刻度。

（2）配制钙系列标准溶液：分别移取 1 mL、2 mL、3 mL、4 mL、5 mL、100 mg/L 钙标准使用溶液于 50 mL 容量瓶中，得到浓度分别为 2.0 mg/L、4.0 mg/L、6.0 mg/L、8.0 mg/L、10.0 mg/L 钙系列标准溶液。

2. 工作条件的设置

（1）钙吸收线波长为 422.7 nm。

（2）空心阴极灯电流为 4 mA。

（3）狭缝宽度为 0.1 mm。

（4）原子化器高度为 6 mm。

（5）空气流量为 4 L/min；乙炔流量为 1.2 L/min。

3. 钙的测定

（1）准确移取 25 mL 自来水样于 50 mL 容量瓶中，用纯水稀释至刻度，摇匀。

（2）在最佳工作条件下，以蒸馏水为空白样，由稀至浓逐个测量钙系列标准溶液的吸光度，最后测定自来水样的吸光度 A。

4. 钙含量的计算

（1）实验结束后，用蒸馏水喷洗原子化系统 2 min，按关机程序关机。最后关闭乙炔钢瓶阀门，旋松乙炔稳压阀，关闭空压机和通风机电源。

（2）以吸光度为纵坐标，浓度为横坐标，利用计算机绘制标准曲线，做出回归方程，计算出相关系数，由未知浓度水样的吸光度 A_x，求算出自来水中的钙含量（mg/L）。

五、注意事项

（1）乙炔为易燃易爆气体，必须严格按照操作步骤工作。在点燃乙炔火焰之前，应先开空气，后开乙炔气；结束和暂停实验时，应先关乙炔气，后关空气；乙炔钢瓶的工作压力，一定要控制在所规定范围内，不得超压工作。必须切记，保障安全。

（2）注意保护仪器所配置的系统磁盘。仪器总电源关闭后，若需立即开机使用，则应在断电后停机 5 min 再开机，否则磁盘不能正常显示各种页面。

六、思考题

（1）在用 $CaCO_3$ 作基准物质、以钙指示剂为指示剂标定 EDTA 标准溶液浓度时，应控制溶液的酸度为多大？为什么？如何控制？

（2）简述火焰原子吸收光谱法的基本原理。

（3）火焰原子吸收光谱法为何要用待测元素的空心阴极灯做光源？

（4）试比较由络合滴定的化学分析方法和火焰原子吸收光谱法测出的自来水样中钙的浓度？你认为哪种方法更适合测定自来水样中钙的浓度？这两种方法分别在哪种情况下适用？

实验 10-2 火焰原子吸收光谱法测定地质
样品中的 Cu、Pb、Zn

一、实验目的

（1）了解火焰原子吸收光谱分析的操作流程。

（2）掌握火焰原子吸收光谱分析法的实验技术及测定方法。

（3）掌握测定地质样品中 Cu、Pb、Zn 元素的一般溶矿方法。

二、实验原理

原子吸收光谱法是基于气态和基态原子核外层电子对从光源发出的被测元素的共振发射线的吸收进行元素定量分析的方法。

原子吸收光谱仪采用空心阴极灯作锐线光源。在光源发射线的半宽度小于吸收线的半宽度（锐线光源）条件下，光源发射性通过一定厚度的原子蒸气，并被基态原子所吸收，吸光度与原子蒸气中待测元素的基态原子数成正比，而待测元素的基态原子数又与待测溶液的浓度成正比，遵循朗伯-比尔定律，即

$$A = \lg(I_0/I) = Kc$$

式中，A 为吸光度，其定义为入射光强度 I_0 与出射光强度 I 的比值的对数；K 在仪器条件、原子化条件和测定元素波长等恒定时为常数。上式为火焰原子吸收光谱法定量分析的理论依据。

对于岩石、土壤中常量和微量元素的测定，试样的预处理可根据待测元素的种类选择相应的试样分解方法。

本实验采用王水溶矿，测定矿石中的 Cu、Pb、Zn，结果准确、可靠，方法操作简单，分析快速，提高了分析样品的工作效率。

三、仪器与试剂

1. 仪器

（1）AA–6300C 型原子吸收分光光度计。

（2）Cu、Pb、Zn 空心阴极灯。

（3）乙炔气体钢瓶。

（4）空气压缩机。

（5）煤气炉或大功率高温电热板或大功率水浴锅。

（6）烧杯。

（7）容量瓶。

（8）吸量管。

（9）比色管。

（10）瓷坩埚。

AA–6300C 型原子吸收分光光度计测定 Cu、Pb、Zn 的仪器操作条件如表 10–1 所示。

表 10–1　AA–6300C 型原子吸收分光光度计测定 Cu、Pb、Zn 的仪器操作条件

元素	波长/nm	灯电流值/mA	光谱带宽/nm	气体类型	燃气流量/($L \cdot min^{-1}$)	助燃气流量/($L \cdot min^{-1}$)	燃烧器高度/mm
Cu	324.8	7	0.7	乙炔–空气	1.8	15	7
Pb	283.3	9	0.7	乙炔–空气	1.8	15	7
Zn	213.9	8	0.7	乙炔–空气	2.0	15	7

2. 试剂

（1）铜粉（光谱纯）。

（2）铅粉（光谱纯）。

（3）硝酸铅（优级纯）。

（4）锌粉（光谱纯）。

（5）盐酸（优级纯）。

（6）H_2O_2（优级纯）。

（7）硝酸（优级纯）。

3. 标准溶液的配制

（1）Cu 标准储备液（1 000 μg/mL）的配制。准确称取 1.000 0 g 铜粉于 250 mL 烧杯中，加 3～5 mL 浓盐酸，缓慢滴加 H_2O_2 溶液，使其全部溶解；于小火上加热赶掉多余的 H_2O_2；冷却后转移到 1 000 mL 容量瓶中，用去离子水定容至刻度。

（2）Cu 标准溶液（100 μg/mL）的配制。准确吸取 10.00 mL 上述 Cu 标准储备液于 100 mL 容量瓶中，用去离子水定容至刻度，摇匀备用。

（3）Pb 标准储备液（1 000 μg/mL）的配制。准确称取 1.000 0 g 铅粉或 1.598 g 硝酸铅于 250 mL 烧杯中，加 40～50 mL 硝酸使其溶解，移入 1 000 mL 容量瓶中，用去离子水定容至刻度，储存于聚乙烯瓶内，置于冰箱内保存。

（4）Pb 标准溶液（100 μg/mL）的配制。准确吸取 10.00 mL 铅标准储备液于 100 mL 容量瓶中，用去离子水定容至刻度，摇匀备用。

（5）Zn 标准储备液（1 000 μg/mL）的配制。准确称取 1.000 0 g 锌粉于 250 mL 烧杯中，加 30～40 mL 盐酸，使其溶解完全后，加热煮沸几分钟，冷却后移入 1 000 mL 容量瓶中，用去离子水定容至刻度。

（6）Zn 标准溶液（100 μg/mL）的配制。准确吸取 10.00 mL 上述 Zn 标准储备液于 100 mL 容量瓶中，用去离子水定容至刻度，摇匀备用。

四、实验步骤

（1）分别用 Cu、Pb、Zn 的标准溶液配制系列浓度标准溶液，如表 10-2 所示。

表 10–2　Cu、Pb、Zn 系列浓度标准溶液的配制

元素	浓度/（μg·mL^{-1}）						
Cu	0	0.5	1.00	1.50	2.00	4.00	6.00
Pb	0	0.5	1.00	1.50	2.00	4.00	6.00
Zn	0	0.5	1.00	1.50	2.00	4.00	6.00

将上述标准溶液分别置于 50 mL 容量瓶（或比色管）中，用去离子水定容至刻度，摇匀。

（2）岩石地质样品处理。准确称取 0.250 0 g 干燥的地质样品，粉碎至 200 目（若有条件，则可以同时用国家地质样品质量管理监控标准样品同做），置于 25 mL 比色管中，用少量去离子水将其润湿，加 5 mL 王水，摇散溶液底部试样（注意尽量不要使比色管内壁粘上试样）于沸水浴中加热 15～20 h（比色管最好直立在水浴中）。在此期间，逐个将试管取出摇动两三次，将沉于比色管底部的样品摇动起来。取下红色管，待其稍微冷却后，用去离子水定容至刻度，摇匀备用。

（3）测定。先将 Cu、Pb、Zn 的空心阴极灯分别插入 AA–6300C 型原子吸收分光光度计的对应插座中，并按照开机程序步骤打开 AA–6300C 型原子吸收分光光度计，调试好仪器并预热 20～30 min 后，先测定 Cu 元素的浓度（同时预热 Pb、Zn 元素的空心阴极灯），再依次测定 Pb、Zn 元素的浓度，然后根据公式计算各元素的质量分数。

五、数据处理

（1）用火焰原子吸收光谱法测定 Cu、Pb、Zn。按照各元素的测量条件设置仪器参数，依次测定各元素的系列浓度标准溶液的吸光度。此时，计算机会自动绘制出各元素的标准曲线。最后测定样品溶液的吸光度，并由计算机自动计算出浓度。也可使用计算机软件绘出各元素的标准曲线，求出元素的浓度，根据称样量和稀释倍数计算出每种元素的质量分数。

（2）计算试样中待测元素的质量分数，写出实验报告。

六、注意事项

（1）溶解样品时需将比色管置于沸腾的水浴中。在此期间，必须将沉于比色管底部的样品摇动起来几次，让样品与王水充分接触，这样溶矿效果好。

（2）在测定时，可以将所称样品 0.250 0 g 及样品溶液体积 25 mL 提前输入原子吸收光度计的样品参数中，这样仪器便可以自动计算出各元素的质量分数。

（3）乙炔钢瓶阀门旋开不要超过 1.5 圈，否则乙炔易逸出。

（4）实验时一定要打开通风设备，将原子化后产生的金属蒸气排出室外。

（5）排废液管检查水封，防止回火。

（6）点火前，先打开空气压缩机，压力输出稳定至需要值，然后打开乙炔钢瓶，并调节减压阀开关使乙炔输出压力符合规定压力值。实验结束后，先关闭乙炔钢瓶总阀门，使气路里面的乙炔燃烧尽。

（7）全部测定时先喷去离子水，将仪器显示吸光度归零后，再喷试液。

（8）实验结束后，用去离子水喷几分钟，清洗原子化系统。

七、思考题

（1）使用原子吸收分光光度计时，为什么要预热空心阴极灯？

（2）用酸溶法分解处理地质样品时，应注意哪些事项？

（3）如果待测样品溶液的浓度超出标准曲线，则应如何处理？

实验 10-3 紫外-可见分光光度法测定蛋白质浓度

一、实验目的

（1）了解蛋白质中常见氨基酸的结构。

（2）掌握紫外-可见分光光度法测定蛋白质浓度的原理。

二、实验原理

蛋白质分子中所含酪氨酸、色氨酸及苯丙氨酸的芳香环结构对紫外光有吸收作用。色氨酸的吸收最强，但由于一般蛋白质中酪氨酸的含量比色氨酸高许多，因此这一吸收可认为主要是由酪氨酸提供的。其最大值在 280 nm 附近，不同的蛋白质吸收波长略有差别。在无其他干扰物质存在的条件下，280 nm 的吸光度即可用于蛋白质浓度的测定，但不同种的蛋白质对 280 nm 波长的光吸收强度因芳香性氨基酸残基含量的不同而有差异。1 mg/mL 不同蛋白质的吸光度值为 0.5～2.5。因此，在测定未知浓度蛋白质时，用同种蛋白质对照，结果才可靠。

测量方法和计算公式如下：

（1）对于不含核酸污染的蛋白质溶液（如样品吸光度值大于 2.0，则应将样品稀释至吸光度值小于 2.0），选择蛋白缓冲液作空白对照，测定 280 nm 波长处的吸光度值，蛋白质浓度与吸光度值成正比关系。

（2）对于存在核酸污染（$A_{280}/A_{260} < 0.6$）的蛋白质溶液，选择蛋白缓冲液作空白对照，测定 280 nm 和 260 nm 波长处的吸光度值，或 280 nm 和 205 nm 波长处的吸光度值，按照经验公式计算有

$$蛋白质浓度（mg/mL）= (1.55 \times A_{280}) - (0.76 \times A_{260})$$

$$蛋白质浓度（mg/mL）= A_{205} \div (27 + A_{280}/A_{205})$$

将 280 nm 和 260 nm 波长处的吸光度值各乘以系数相减求得接近的蛋白质浓度。A_{280} 与 A_{260} 分别代表光程为 1 cm 的样品在 280 nm 和 260 nm 波长处的吸光度值。

本实验中使用的牛血清白蛋白样品纯度高，故可忽略核酸等其他生物样品对紫外吸收的影响，直接作吸光度值与蛋白质浓度的标准曲线。

紫外线吸收适用于测定蛋白质浓度为 0.2～0.5 mg/mL 的样品。由于玻璃器皿会吸收紫外线，故实验中需用石英池比色皿。

三、仪器与试剂

1. 仪器

（1）紫外–可见分光光度计。

（2）1 cm 石英比色皿。

（3）电子分析天平。

（4）容量瓶。

（5）吸量管。

2. 试剂

（1）牛血清白蛋白。

（2）NaCl 溶液（分析纯）。

（3）未知浓度的待测蛋白质溶液。

3. 标准溶液的配制

牛血清白蛋白溶液：以 0.9% NaCl 溶液为溶剂，配制浓度为 1 mg/mL 的牛血清白蛋白溶液。

四、实验步骤

（1）在一组干样品管中，将 1 mg/mL 牛血清白蛋白溶液用 0.9% NaCl 溶液分别稀释为 0.1 mg/mL、0.2 mg/mL、0.3 mg/mL、0.4 mg/mL、0.5 mg/mL，体积均为 4 mL。

（2）用紫外–可见分光光度计分别测定每一浓度的蛋白质溶液的 A_{280} 值，以 0.9% NaCl 溶液为空白样来调基线，记录读数，绘制标准曲线，并检查计算所得结果是否与实际浓度相符。

（3）取未知浓度待测蛋白质溶液，测定 A_{280} 值，根据标准曲线计算待测蛋白质溶液浓度。

五、思考题

（1）紫外–可见分光光度吸收法测定蛋白质浓度有何优缺点？该方法受哪

些因素的影响和限制？

（2）紫外–可见分光光度法还可以用作蛋白质哪些方面的研究？试找 1～2 篇文献加以说明。

实验 10–4　奶制品及饮料中防腐剂的高效液相色谱和气相色谱对比分析

一、实验目的

（1）熟悉高效液相色谱仪和气相色谱仪的组成及使用方法。

（2）了解高效液相色谱法和气相色谱法在食品分析中的应用。

（3）学习外标法定量和内标法定量的操作步骤。

二、实验原理

食品防腐剂是为了防止食品因微生物变质，提高食品保存性能，延长食品保质期而使用的食品添加剂。常用的食品防腐剂有苯甲酸及其钠盐、山梨酸及其钾盐等。虽然苯甲酸的毒性比山梨酸强，但因苯甲酸的价格低廉，故仍作为主要防腐剂使用，其主要用于碳酸饮料和果汁。长期过量摄入防腐剂会对人体造成一定损害，因此需要控制食品中防腐剂的添加量。本实验采用两种分析方法——高效液相色谱法和气相色谱法，分别测定奶制品及饮料中山梨酸和苯甲酸的含量，并对其测定方法和结果进行比对研究。

样品前处理是分析检测过程的关键环节，检测结果的重复性、准确性，方法的灵敏度以及分析速度主要取决于样品前处理过程。

奶制品中存在大量的蛋白质，这些大分子蛋白质会堵塞和污染色谱柱（本实验为 C_{18} 色谱柱），使分析工作不能正常进行，并影响分析结果。因此，在进行高效液相色谱分析之前，必须对奶制品进行前处理，以完全除去样品中的蛋白质。本实验在奶制品中加入氢氧化钠碱化后，进行超声、加热，使苯甲酸和山梨酸以酸根的形式游离出来，降低其与蛋白质的结合作用，以提高被测组分的回收率。然后采用亚铁氰化钾溶液和醋酸锌为沉淀剂，将奶制品中的蛋白质沉淀下来，净化样品。

气相色谱的分析对象是易挥发的热稳定性化合物。奶制品和饮料中都存在大量不能气化的物质（如蛋白质、糖类化合物等），这些物质会造成气化室、色谱柱等的污染甚至堵塞；不仅如此，样品中的大量水还易导致硅油类固定液的硅氧键断裂，严重影响色谱柱的使用寿命，因此，需通过预处理的方法将这些物质除去。本实验采用溶剂萃取法对样品进行预处理，以除去干扰物质，并将样品转化为适合于气相色谱分析的形态。即将奶制品和饮料酸化后，通过乙酸乙酯萃取出其中的苯甲酸和山梨酸，萃取液采用气相色谱进行分析。

本实验分别采用反相键合相液相色谱法和毛细滴管气相色谱法对奶制品及饮料中的苯甲酸和山梨酸进行分析，并对两种方法的测定结果等进行比较。

采用反相键合相液相色谱分析防腐剂时，以缓冲溶液为流动相，以紫外检测器进行检测，以外标法进行定量分析，即以山梨酸和苯甲酸混合标准溶液的色谱峰面积对其浓度绘制工作曲线，再根据样品中的山梨酸或苯甲酸的峰面积，由工作曲线计算出样品中防腐剂的含量。

采用毛细滴管气相色谱法分析防腐剂时，以氢火焰离子化检测器进行检测，以内标法进行定量分析，即以山梨酸或苯甲酸（i）与内标物癸酸（s）混合标准溶液的峰面积比 A_i/A_s 对其质量比 m_i/m_s 绘制工作曲线，再根据试样色谱图中三梨酸或苯甲酸对癸酸的峰面积比，由工作曲线计算出样品中山梨酸和苯甲酸的含量。

三、奶制品及饮料中防腐剂的高效液相色谱分析

1. 仪器

（1）高效液相色谱仪。

（2）紫外检测器。

（3）C_{18} 色谱柱（150 mm×4.6 mm）。

（4）50 μL 微量注射器。

（5）容量瓶。

（6）超声波清洗机。

（7）抽滤装置。

（8）0.45μm 水系微孔滤膜。

2. 试剂

（1）液态奶和饮料若干。

（2）苯甲酸（分析纯）。

（3）山梨酸（分析纯）。

（4）磷酸二氢钠（分析纯）。

（5）十二水合磷酸氢二钠（分析纯）。

（6）甲醇（HPLC 级）。

（7）亚铁氰化钾溶液：称取 10.6 g 亚铁氰化钾，加水去离子水溶解并稀释至 100 mL。

（8）醋酸锌溶液：称取 21.9 g 二水合醋酸锌，加去离子水水溶解后，再加入 32 mL 冰醋酸，以去离子水定容至 100 mL。

（9）0.1 mol/L 氢氧化钠溶液：称取 2.0 g 氢氧化钠，以去离子水溶解后并稀释至 500 mL。

3. 标准溶液的配制

（1）苯甲酸标准储备液的配制：精密称取苯甲酸 0.20 g，以甲醇溶解并转移到 100 mL 容量瓶中，以去离子水定容。

（2）山梨酸标准储备液的配制：精密称取山梨酸 0.20 g，以甲醇溶解并转移到 100 mL 容量瓶中，以去离子水定容。

（3）苯甲酸、山梨酸混合标准溶液的配制：量取标准储备液各 10 mL 加入 100 mL 容量瓶中，以水定容至刻度，此时溶液浓度为 200 mg/L。

（4）最后，分别移取苯甲酸、山梨酸标准混合液 0.5 mL、1.00 mL、2.00 mL、5.00 mL、10.00 mL 于 5 个 25.00 mL 容量瓶中，用去离子水稀释至刻度，摇匀。

4. 流动相的配制

分别称取 1.50 g 磷酸二氢钠和 1.65 g 十二水合磷酸氢二钠，加去离子水 600 mL 溶解，配制成磷酸盐缓冲液。加入 105 mL 甲醇，混匀，以 0.45 μm 水

系滤膜过滤后，超声脱气 15～20 min。

5. 样品的预处理

（1）奶制品的预处理：称取 10.0 g 液态奶于 50 mL 容量瓶中，加入 10 mL 0.1 mol/L 氢氧化钠溶液，混匀，超声 20 min 取出；将其置于 70 ℃（±5 ℃）水浴加热 10 min，冷却至室温后，依次加入 5 mL 亚铁氰化钾溶液和 5 mL 醋酸锌溶液，用力摇匀，静置 30 min，使其沉淀。加入甲醇 5 mL，混匀，用去离子水定容至 50 mL，混匀后放置 1 h，取上清液过 0.45 μm 滤膜，取滤液进行高效液相色谱分析。

（2）饮料样品的预处理：准确移取饮料 5.00 mL 于 25 mL 容量瓶中，加去离子水定容至刻度，混匀，取混匀液少量过 0.45 μm 滤膜，滤液进行 HPLC 分析。

6. 仪器运行参数

按操作规程开机，使仪器处于工作状态，用 10% 的甲醇水溶液平衡色谱柱，再更换上实验用流动相。参考色谱条件如下：

流动相：磷酸盐缓冲液-甲醇（体积比为 400:70），等度洗脱；

流速：0.8 mL/min；

柱温：室温；

进样量：10 μL；

检测波长：227 nm。

7. 标准曲线的绘制

待基线走稳后，从低浓度到高浓度依次向高效液相色谱仪注入不同浓度的混合标准溶液 10 μL，并记录各峰的保留时间和峰面积。

将苯甲酸和山梨酸标准储备液分别用水稀释 100 倍后，进样 10 μL，以确定各物质的保留时间。

8. 样品分析

吸取预处理后的样品各 10 μL 进样，与苯甲酸和山梨酸的保留时间对照，以确认奶制品或饮料中苯甲酸和山梨酸的出峰位置；记录保留时间及峰面积。

9. 关机

实验完毕,用 10%的甲醇水溶液清洗管路及色谱柱,再用 100% 甲醇清洗,关机。

10. 数据处理

(1)记录实验条件和相关参数。

(2)将实验数据列于表 10–3 中。

表 10–3　实验数据记录表（高效液相色谱法）

项目		标 1	标 2	标 3	标 4	标 5	牛奶	雪碧
山梨酸	保留时间/min							
	峰面积							
	浓度/（mg·L⁻¹）							
苯甲酸	保留时间/min							
	峰面积							
	浓度/（mg·L⁻¹）							

(3)绘制标准曲线。

(4)计算奶制品及饮料中防腐剂苯甲酸和山梨酸的含量。

四、奶制品及饮料中防腐剂的液相色谱分析

1. 仪器

(1)毛细滴管气相色谱仪。

(2)氢火焰离子化检测器。

(3)DB–1 色谱柱（30 m× 0.25 mm×0.25 μm）。

(4)1.0 μL 微量注射器。

(5)0.1 mL 和 1 mL 可调移液枪。

(6)分液漏斗。

(7)离心试管和离心机。

（8）旋涡混合器。

（9）氮吹仪。

（10）1 μL 微量注射器。

（11）容量瓶。

（12）超声波清洗机。

2. 试剂

（1）液态奶和饮料若干。

（2）苯甲酸。

（3）山梨酸。

（4）癸酸。

（5）乙酸乙酯。

（6）1:1 盐酸。

（7）氯化钠。

（8）无水硫酸钠。

说明：以上试剂均为分析纯。

3. 标准溶液的配制

（1）苯甲酸标准储备液的配制：准确称取苯甲酸 0.050 0 g，以乙酸乙酯溶解并定容至 25 mL。

（2）山梨酸标准储备液的配制：准确称取山梨酸 0.050 0 g，以乙酸乙酯溶解并定容至 25 mL。

（3）癸酸标准储备液的配制：准确称取癸酸 0.050 0 g，以乙酸乙酯溶解并定容至 25 mL。

（4）苯甲酸、山梨酸系列混合标准溶液的配制：分别移取苯甲酸标准储备液和山梨酸标准储备液 1.00 mL、2.00 mL、3.00 mL、4.00 mL、5.00 mL 于 5 个 50.00 mL 容量瓶中，加入 2 mL 癸酸标准储备液，用乙酸乙酯稀释至刻度，摇匀。配制成苯甲酸、山梨酸浓度分别为 40.0 μg/mL、80.0 μg/mL、120 μg/mL、160 μg/mL、200 μg/mL，癸酸浓度为 80.0 μg/mL 的系列标准溶液。

4. 样品预处理

准确称取奶制品或饮料 1.0 g 于 20 mL 具塞离心试管中，加入癸酸标准储备液 40 μL，再加入盐酸 0.3 mL 酸化，旋涡振荡 30 s，超声处理 5 min。加入乙酸乙酯 4 mL，密塞，旋涡振荡 1 min；在 4 000 r/s 的转速下离心 5 min（饮料样品无须离心，下同），将上层有机相小心转移至 10 mL 干燥试管中。重复上述萃取过程 2 次，合并有机相。在有机相中加入无水硫酸钠 1 g，振荡几下，静置脱水 20 min，将上清液转移至另一个干燥 10 mL 试管中，置于氮吹仪上 40 ℃，直至吹干，残渣以 1 mL 乙酸乙酯复溶。

5. 仪器运行参数

按操作规程开机，使仪器处于工作状态。参考色谱条件如下：

载气：N_2；

载气流量：25 mL/min（柱前压：0.08 MPa）；

尾吹气流量：30 mL/min；

柱温：程序升温方式，初始柱温 90 ℃，以 20 ℃/min 升至 200 ℃，保持 2 min；

气化室温度：230 ℃；

检测器温度：250 ℃；

氢气流量：35 mL/min；

空气流量：350 mL/min；

进样量：0.5 μL。

6. 标准曲线的绘制

基线走稳后，从低浓度到高浓度依次向气相色谱中注入不同浓度的混合标准溶液 0.5 μL，记录各峰的保留时间和峰面积。

将苯甲酸、山梨酸、癸酸标准储备液分别稀释 10 倍后，进样 0.5 μL，以确定各物质的保留时间。

7. 样品分析

吸取预处理后的样品各 0.5 μL 进样，与苯甲酸、山梨酸、癸酸的保留时间对照，以确认奶制品或饮料中苯甲酸、山梨酸、癸酸的出峰位置。记录保留时间及峰面积。

8. 关机

实验完毕，按仪器操作规程关闭气相色谱仪；进样针用丙酮清洗数次。

9. 数据处理

（1）记录实验条件和相关参数。

（2）将实验数据列于表 10–4 中。

表 10–4 实验数据记录表（气相色谱法）

项目		标 1	标 2	标 3	标 4	标 5	牛奶	雪碧
山梨酸	保留时间/min							
	峰面积							
	浓度/（mg·L^{-1}）							
苯甲酸	保留时间/min							
	峰面积							
	浓度/（mg·L^{-1}）							
癸酸	保留时间/min							
	峰面积							
	浓度/（mg·L^{-1}）							

（3）绘制内标标准曲线。

（4）计算奶制品及饮料中防腐剂苯甲酸和山梨酸的含量。

五、思考题

（1）在用高效液相色谱进行分析时，流动相中加入磷酸盐的目的是什么？

（2）常用的色谱定量方法有哪几种？外标法定量和内标法定量各有什么优缺点？

（3）试从仪器结构和特点两个方面比较毛细滴管气相色谱与填充柱气相色谱的区别。

（4）试对两种方法的实验结果进行比对和讨论。

参 考 书

［1］胡坪. 仪器分析实验［M］. 北京：高等教育出版社，2016.

［2］张剑荣，戚苓，方惠群. 仪器分析实验［M］. 北京：科学出版社，1999.

［3］杨万龙，李文友. 仪器分析实验［M］. 北京：科学出版社，2008.

［4］贾琼，马玖彤，宋乃忠. 仪器分析实验［M］. 北京：科学出版社，2016.

［5］俞英. 仪器分析实验［M］. 北京：化学工业出版社，2008.

［6］王亦军，吕海涛. 仪器分析实验［M］. 北京：化学工业出版社，2009.

［7］张晓丽. 仪器分析实验［M］. 北京：化学工业出版社，2006.

［8］唐仕荣. 仪器分析实验.［M］. 北京：化学工业出版社，2016.

［9］张剑荣，余晓冬，屠一锋，等. 仪器分析实验（第二版）［M］. 北京：科学出版社，2009.

［10］华中师范大学，东北师范大学，陕西师范大学，等. 分析化学实验（第四版）［M］. 北京：高等教育出版社，2015.

第三篇

环境化学实验

第十一章 绪 论

环境化学实验是环境工程及其相关专业学生在理论学习中获取信息、培养创造性思维和能力的主要渠道之一。实验的目的不只是验证规律、培养学生的动手能力和实验技能，而是要使学生通过实验在科学的理论学习和研究方法上获取感性体会，提高对实验数据的分析能力，使学生具备初步的独立科研能力，促进对环境化学领域研究动态及前沿的理解。

环境化学是一门综合性非常强的学科，它所涉及的理论知识和实验技巧的范围都非常广泛。实验方法、试剂、器材各不相同，在实验前要根据不同的内容和要求，做好充分的准备，这是关系到实验效果好坏的基本条件。

依据新的环境化学实验教学大纲，将整个教学环节分为"基础实验"和"综合实验"两个部分。"基础实验"主要涵盖了污染物在气、水、土等环境介质中的基本迁移、转化过程，是对学生学习环境化学课程的基本训练；"综合实验"以培养学生的独立科研能力为目标。考虑到课程体系的完整性，部分实验内容还涉及了环境中重要污染物和一些重要污染指标的分析、监测和评价。此外，为保证学生对有关知识的整体认识，书中部分实验的内容较多，花费时间较长，教师可根据具体情况进行安排。

11.1　实验报告的撰写

一般情况下，根据实验步骤和顺序从以下 7 个方面撰写实验报告。

1. 实验目的

实验目的即本次实验所要达到的目标或目的是什么。

2. 实验日期和实验者

在实验名称下面需注明实验日期和实验者。这是很重要的实验资料，便于将来查找时进行核对。

3. 实验仪器和试剂

写出主要的仪器和试剂，应分类罗列，不能遗漏。

此项书写可以促使学生去思考仪器的用法和用途、试剂的作用及其所能发生的具体化学反应，从而促进学生对实验原理和特点的理解。

需要注意的是，实验报告中应该含有实验时所用试剂的浓度和仪器的规格。

4. 实验步骤

根据具体的实验目的和原理来设计实验，写出主要的操作步骤，这是报告中比较重要的部分。实验步骤可以使学生了解实验的全过程，明确每一步的目的，理解实验的设计原理，掌握实验的核心部分，养成科学的思维方法。

在此项中还应写出实验的注意事项，以保证实验的顺利进行。

5. 实验记录

正确、如实地记录实验现象或数据。为表述准确，应使用专业术语，尽量避免口语的出现。这是报告的主体部分，在记录中，即使得到的实验结果不理想，也不能修改，可以通过分析和讨论找出原因和解决的办法，养成实事求是和严谨的科学态度。

6. 实验结论和解释

对于所进行的操作和得到的相关现象，运用已知的理论知识去分析和解释，得出结论，这是实验联系理论的关键所在，有助于学生将感性认识上升到理性认识，进一步理解和掌握已知的理论知识。

7. 评价和讨论

以上各项是学生接收、认识和理解知识的过程；此项则是回顾、反思、总结和拓展知识的过程，是实验的升华，应给予足够的重视。

在此项目中，学生可以在教师的引导下自由发挥。例如，你认为本实验的关键是什么？你认为本实验还有哪些方面需要改进？实验失败的原因是什么？这些既能反映学生掌握知识的情况，又能培养学生分析和解决问题的能力，更重要的是有助于培养学生敢于思考、敢于创新的勇气和能力。

此项内容的撰写是实验报告的重点和难点。

11.2 实验注意事项

（1）实验前应预习实验指导，明确实验的目的、方法和步骤，并根据实验要求或在教师指导下，做好实验前的各项准备工作。

（2）对于实验时使用的重要仪器（如分光光度计，鼓风干燥箱、恒温振荡仪、分析天平、pH 计等），学生应事先应了解其使用方法，并按照操作规程使用。若发生故障，则应立即关闭电源并告知指导教师，以做妥善处理。

（3）在实验时，要严肃认真，不允许在实验室内嬉闹。

（4）在实验过程中，一定要注意安全、做好必要的防护，严防易燃物着火、使用电器触电以及被强酸、强碱灼伤等。

（5）实验按分组同时进行时，各组所应用的器材、试剂应分别放置和使用，以防乱抄乱用，影响实验秩序和进程。

（6）在实验过程中，要按照实验指导教师的要求，认真操作，仔细观察，详细记录实验过程中所出现的现象和结果。实验结束后，应将观察到的结果进行分析、讨论，并写出实验报告。实验报告的内容主要包括实验的题目、目的、方法、结果、讨论以及结论。

（7）实验结束后，应将仪器用具和场地整理或清拭干净，并把仪器和用具放回原处。若有损坏，则应主动登记。

第十二章　大气环境化学实验

实验 12-1　环境空气中的 SO_2 液相氧化模拟

一、实验目的

（1）了解 SO_2 液相氧化的过程。

（2）学会用 pH 法间接考查 SO_2 液相氧化过程。

二、实验原理

SO_2 液相氧化过程是大气降水酸化的主要途径：首先，SO_2 溶解于水发生一级和二级电离，生成 $SO_2 \cdot H_2O$、HSO_3^-、SO_3^{2-} 及 H^+。在此过程中，S 的存在形式不仅与 SO_2 浓度有关，还与 pH 有关。一般条件下，典型大气液滴的 pH 为 2~6，此时 HSO_3^- 为 S^{4+} 的主要存在形式。然后，溶解态的 S^{4+} 被氧化为 S^{6+}，常见的液相氧化剂包括 O_2、O_3、H_2O_2 和自由基等。其中，溶解在水中的 O_2 是最常见也是最主要的氧化剂。在 SO_2 被 O_2 氧化的过程中，Fe^{3+} 和 Mn^{2+} 都可以起到催化剂的作用。

$$Mn^{2+} + SO_2 \leftrightarrow MnSO_2^{2+}$$

$$2MnSO_2^{2+} + O_2 \leftrightarrow 2MnSO_3^{2+}$$

$$MnSO_3^{2+} + H_2O \leftrightarrow Mn^{2+} + 2H^+ + SO_4^{2-}$$

总反应为

$$2SO_2 + 2H_2O + O_2 \leftrightarrow 2SO_4^{2-} + 4H^+$$

水中的 Fe^{3+} 和 Mn^{2+} 主要来源于大气中的尘埃等杂质。

由于大气液滴中的 S^{4+} 主要以 HSO_3^- 的形式存在，因此在本实验中以 Na_2SO_3 溶液代替吸收了 SO_2 的液滴，模拟研究不同条件下 S^{4+} 的液相氧化过程。由于在 SO_2^{2-} 被氧化为 SO_4^{2-} 的过程中，溶液的 H^+ 浓度增加、pH 下降，所以本实验可通过测定溶液的 pH 变化，估算 SO_2 的液相氧化速率；同时添加不同的催化剂，比较不同催化剂的催化效果。在本实验中，用 $MnSO_4$ 模拟 Mn^{2+}，用 $NH_4Fe(SO_4)_2$ 模拟 Fe^{3+}，用降尘和煤灰模拟实际大气液滴中的尘埃等杂质。

三、仪器与试剂

1. 仪器

（1）精密 pH 计 2 个。

（2）磁力搅拌器 6 台。

（3）小型气泵。

（4）2 L 烧杯 1 个。

（5）250 mL 烧杯 6 个。

（6）1 L 容量瓶 3 个。

2. 试剂

（1）亚硫酸钠溶液：0.01 mol/L。溶解 1.26 g 无水亚硫酸钠（Na_2SO_3）于水中，定容到 1 L。

（2）硫酸锰溶液：0.000 5 mol/L。溶解 0.141 g 无水硫酸锰（$MnSO_4$）于烧杯中，用稀硫酸调节 pH 等于 5，转移到 1 L 容量瓶中，定容。

（3）硫酸铁铵溶液：0.000 5 mol/L。取 0.241 g 硫酸铁铵（$NH_4Fe(SO_4)_2 \cdot 12H_2O$）于烧杯中，加少量 1:4 的稀 H_2SO_4 和适量水溶液，转移到 1 L 容量瓶中，定容。使用时取适量溶液，用 NaOH 溶液小心调节 pH 等于 5（注意避免沉淀）。

（4）降尘–水悬浊液：收集并称取 0.2 g 大气降尘（可取自室外窗台等处），放入 50 mL 烧杯中，加 30 mL 重蒸水，搅拌，并用稀硫酸调节 pH 等于 5。

（5）煤灰–水悬浊液：称取 0.1 g 煤灰，放入 50 mL 烧杯中，加 30 mL 重蒸水，搅拌，并用稀硫酸调节至 pH = 5。

（6）稀释水：取重蒸水 1.5 L 于 2 L 烧杯中，同空气接触 30 min，同时用磁力搅拌器搅拌，然后用稀硫酸调节至 pH = 5。

（7）稀硫酸溶液：0.01 mol/L。

（8）稀氢氧化钠溶液：0.01 mol/L。

（9）标准缓冲溶液：0.05 mol/L 邻苯二甲酸氢钾（pH 4.01）、 0.025 mol/L KH_2PO_4 和 0.025 mol/L Na_2HPO_4（pH = 6.86）。

四、实验步骤

1. 模拟实验准备

（1）取 250 mL 烧杯 6 个，编号 1～6，分别用于模拟不加催化剂、加锰催化剂、加铁催化剂、加铁锰催化剂、加降尘催化剂和加煤灰催化剂 6 种情况。

（2）向 1 号～4 号烧杯各加稀释水 190 mL、0.01 mol/L Na_2SO_3 溶液 10 mL；向 5 号、6 号烧杯各加稀释水 160 mL、0.01 mol/L Na_2SO_3 溶液 10 mL。

（3）迅速向 2 号～6 号烧杯中依次加入以下试剂：2 号，0.000 5 mol/L $MnSO_4$ 溶液 2 mL；3 号，0.000 5 mol/L $NH_4Fe（SO_4）_2$ 溶液 2 mL；4 号，0.000 5 mol/L $MnSO_4$ 溶液和 0.000 5 mol/L $NH_4Fe（SO_4）_2$ 溶液各 1 mL；5 号，降尘–水悬浊液 30 mL；6 号，煤灰–水悬浊液 30 mL。

（4）加完各种试剂后，将 6 个烧杯置于磁力搅拌器上持续搅拌，用稀 H_2SO_4 和稀 NaOH 溶液迅速调节各烧杯 pH 至 5.0，并开始计时。

2. 液相氧化过程

每隔一定时间（5 min、10 min、15 min、20 min、25 min、30 min、40 min、50 min、60 min、70 min）测定并记录各烧杯中溶液 pH 的变化情况。

五、数据处理与分析

以 pH 为纵坐标，时间为横坐标绘制各体系中溶液 pH 随时间的变化曲线，评价并对比不同体系氧化反应的快慢，分析和对比各催化剂的催化作用。

六、思考题

（1）为什么通过 pH 的变化可以估算液相氧化速率？本实验的数据足够估算 SO_2 的氧化速率吗？如果不够，则还应该控制和测定哪些参数或指标？

（2）哪些因素会影响 SO_2 的氧化速率？

（3）本实验成功的关键是什么？

实验 12–2　环境空气中挥发性有机化合物的污染评价

挥发性有机化合物（Volatile Organic Compounds，VOCs）是指沸点在 50～260 ℃、室温下饱和蒸汽压超过 1 mmHg[①]的易挥发性化合物，是室内外空气中普遍存在且组成复杂的一类有机污染物。它主要来自有机化工原料的加工和使用过程，木材、烟草等的不完全燃烧过程以及汽车尾气的排放。此外，植物的自然排放物也会产生 VOCs。

随着工业的迅速发展，建筑物结构发生了较大变化，新型建材、保温材料及室内装潢材料被广泛使用；同时各种化妆品、除臭剂、杀虫剂和品种繁多的洗涤剂也大量应用于家庭中。而其中的有机化合物，有的可直接挥发，有的可在长期降解过程中释放出低分子有机化合物，由此造成环境空气的污染。由于 VOCs 的成分复杂，具毒性、刺激性，有致癌作用，对人体健康造成的影响较大。因此，研究环境中 VOCs 的存在、来源、分布规律、迁移转化及其对人体健康的影响一直受到人们的重视，并成为国内外研究的热点。

一、实验目的

（1）了解 VOCs 的成分、特点。

（2）了解气相色谱法测定环境中测定 VOCs 的原理，并掌握基本操作流程。

---

① 1 mmHg = 0.13 kPa。

二、实验原理

将空气中苯、甲苯、乙苯、二甲苯等 VOCs 吸附在活性炭采样管上，用二硫化碳洗脱后，经火焰离子化检测器气相色谱仪测定。以保留时间定性；峰高（或峰面积）则可用外标法来定量。

本法检出限：苯 1.25 μg、甲苯 1.00 μg、二甲苯（包括邻、间、对）及乙苯均为 2.50 μg。当采样体积为 100 L 时，最低检出浓度苯为 0.005 mg/m³；甲苯为 0.004 mg/m³；二甲苯（包括邻、间、对）及乙苯均为 0.010 mg/m³。

三、仪器与试剂

1. 仪器

（1）容量瓶：5 mL、100 mL。

（2）移液管：1 mL、5 mL、10 mL、15 mL 及 20 mL。

（3）微量注射器：10 μL。

（4）带火焰离子化检测器（FID）气相色谱仪。

（5）空气采样器：流量范围 0.0～1.0 L/min。

（6）采样管。取长为 10 cm、内径为 6 mm 的玻璃管若干，洗净烘干，每支内装 20～50 目粒状、约 0.5 g 活性炭（活性炭应预先在马福炉内经 350 ℃高纯氮灼烧 3 h，放冷后备用）分 A、B 两段，中间用玻璃棉隔开。

2. 试剂

（1）苯、甲苯、乙苯、邻二甲苯、对二甲苯和间二甲苯均为色谱纯试剂。

（2）二硫化碳：使用前需纯化，并经带火焰、离子检测器气相色谱仪检验。进样 5 μL，在苯与甲苯峰之间不出峰方可使用。

（3）苯系物标准储备液：分别吸取苯、甲苯、乙苯、邻、间、对二甲苯各 10.0 μL 于装有 90 mL 经纯化的二硫化碳的 100 mL 容量瓶中，用二硫化碳稀释至标线，再取上述标液 10.0 mL 于装有 80 mL 纯化过的二硫化碳的 100 mL 容量瓶中，并稀释至标线，摇匀，此储备液在 4 ℃可保存 1 个月。此储备液含苯 8.8 μg/mL、乙苯 8.7 μg/mL、甲苯 8.7 μg/mL、对二甲苯 8.6 μg/mL、间二甲苯

8.7 μg/mL、邻二甲苯 8.8 μg/mL。

储备液中苯系物含量的计算公式为

$$\rho_{苯系物}=\frac{10}{105}\times\frac{10}{100}\times\rho\times106$$

式中，ρ 为苯系物的密度，单位为 g/mL；苯系物浓度的单位为 μg/mL。

四、实验步骤

1. 采样

用乳胶管连接采样管 B 端与空气采样器的进气口。A 端垂直向上，处于采样位置。以 0.5 L/min 流量，采样 100~400 min。采样后，用乳胶管将采样管两端套封，样品放置不能超过 10 天。

2. 标准曲线的绘制

分别取苯系物储备液 0 mL、0.5 mL、10.0 mL、15.0 mL、20.0 mL、25.0 mL于 100 mL 容量瓶中，用纯化过的二硫化碳稀释至标线，摇匀。另取 6 只 5 mL容量瓶，各加入 0.25 g 粒状活性炭及 1~6 号的苯系物标液 2.00 mL，振荡 2 min，放置 20 min 后，进行色谱分析。如进行色谱分析时的条件：色谱柱为长 2 m、内径 3 mm 的不锈钢柱，柱内填充涂附 2.5% DNP 及 2.5% Bentone-34/ChromosorbWHPDMCS；柱温为 64 ℃；气化室温度为 150 ℃；检测室温度为150 ℃；载气（氮气）流量为 50 mL/min；燃气（氢气）流量为 46 mL/min；助燃气（空气）流量为 320 mL/min；进样量为 5.0 μL。测定标样的保留时间及峰高（或峰面积），以峰高（峰面积）对含量绘制标准曲线。

3. 样品测定

将采样管 A 段和 B 段中的活性炭分别移入 2 只 5 mL 容量瓶中，加入纯化过的二硫化碳 2.00 mL，振荡 2 min。放置 20 min 后，吸取 5.0 μL 解吸液注入色谱仪，记录保留时间和峰高（或峰面积）。以保留时间定性，峰高（或峰面积）定量。

五、数据处理

根据下式，计算苯系物各成分的浓度，即

$$\rho_{苯系物}=(W_1+W_2)/V_n$$

式中，W_1 为 A 段活性炭解吸液中苯系物的含量，单位为 μg；W_2 为 B 段活性炭解吸液中苯系物的含量，单位为 μg；V_n 为标准状况下的采样体积，单位为 L；苯系物浓度的单位为 mg/m³。

六、注意事项

（1）二硫化碳和苯系物属有毒、易燃物质，在利用其配置标准样品以及对进行其保管时应注意安全。

（2）利用公式进行计算时，应将采样体积换算成标准状态下的体积。

七、思考题

（1）根据测定的结果，评价环境空气中 VOCs 的污染状况。

（2）除气用相色谱测定 VOCs 外，VOCs 还有哪些测定方法，它们各有哪些特点。

第十三章　水环境化学实验

实验 13-1　水中有机污染物的挥发速率

水中有机污染物随自身的物理化学性质和环境条件的不同而进行不同的迁移转化，诸如挥发、微生物降解、光解以及吸附等。近年来的研究表明，自水体挥发进入空气是疏水性有机污染物特别是高挥发性有机污染物的主要迁移途径。

水中有机污染物的挥发符合一级动力学方程，其挥发速率常数可通过实验求得，其数值的大小受温度、水体流速、风速和水体组成等因素的影响。测定水中有机物的挥发速率，对研究其在环境中的归宿具有重要意义。

一、实验目的

掌握测定水中有机污染物的挥发速率的方法。

二、实验原理

水中有机污染物的挥发符合一级动力学方程，即

$$-\frac{dc}{d} = K_V t \tag{1}$$

式中，K_V 为挥发速率常数；c 为水中有机物的浓度，单位为 g/L；t 为挥发时间，单位为 s。

由式（1）式可得

$$\ln\frac{c_0}{c} = K_V t \tag{2}$$

由此可求得有机污染物挥发掉一半所需的时间$(t_{1/2})$为

$$t_{1/2} = \frac{0.693}{K_V} \tag{3}$$

如 L 为溶液在一定截面积的容器中的高度，则传质系数（K）与挥发速率常数 K_V 的关系为

$$K_V = \frac{K}{L}$$

因此，只要求得某种化合物的挥发速率常数 K_V，就能求得传质系数 K。

三、仪器与试剂

1. 仪器

（1）紫外分光光度计。

（2）电子天平。

（3）称量瓶。

（4）烧杯。

（5）容量瓶。

（6）尺子

2. 试剂

（1）甲苯（分析纯）。

（2）甲醇（分析纯）。

四、实验步骤

溶液中有机污染物的挥发速率的测定：

（1）配制储备液。准确称取甲苯 2.500 0 g 于 250 mL 容量瓶中，用甲醇稀释到刻度，溶液浓度为 10 mg/mL。

（2）配制中间液。取上述储备液 5 mL 于 250 mL 容量瓶中，用水稀释至刻度，溶液浓度为 200 mg/L。

（3）绘制标准曲线。取甲苯中间液 0.25 mL、0.5 mL、1.0 mL、1.5 mL 和 2.0 mL 分别置于 10 mL 的容量瓶内，用水稀释至刻度。其浓度分别为 5 mg/L、10 mg/L、20 mg/L、30 mg/L 和 40 mg/L。将该组溶液用紫外分光光度计于波长 205 nm 处测定吸光度，以吸光度对质量浓度作图，可得到甲苯的标准曲线。

（4）将剩余的甲苯中间液分别倒入 2 个烧杯内，量出溶液高度 L，并记录时间。让其自然挥发，每隔 10 min 取样一次，每次取 1.0 mL，用水定容至 10 mL，测定吸光度，测定波长为 205 nm，共测 10 个点。

五、数据处理

1. 求半衰期($t_{1/2}$)和甲苯的速率常数

从标准曲线上查得，甲苯在不同反应时间的溶液浓度，绘制 $\ln\left(\dfrac{c_0}{c}\right) \sim t$ 关系曲线，从其斜率（K_V）即可求得 $t_{1/2}$ $\left(t_{1/2} = \dfrac{0.693}{K_V}\right)$。

2. 求传质系数 K

由 $K_V = \dfrac{K}{L}$ 即可求出化合物的传质系数 K。

六、思考题

影响环境中有机污染物挥发的因素有哪些？

实验 13–2　水体富营养化程度的评价

水体富营养化是指在人类活动的影响下，生物所需的氮、磷等营养物质大量进入湖泊、河口、海湾等缓流水体，引起藻类及其他浮游生物迅速繁殖，水体溶解氧量下降，水质恶化，鱼类及其他生物大量死亡的现象。在自然条件下，湖泊也会从贫营养状态过渡到富营养状态，沉积物不断增多，先变为沼泽，后变为陆地。这种自然过程非常缓慢，常需几千年甚至上万年。而人为排放含营养物质的工业废水和生活污水所引起的水体富营养化现象，可以在短期内出现。水体富营养化后，即使切断外界营养物质的来源，也很难自净和恢复到正常水平。水体富营养化严重时，湖泊可被某些繁生植物及其残骸淤塞，成为沼泽甚至干地。局部海区可变成"死海"，或出现"赤潮"现象。

植物营养物质的来源广、数量大，有生活污水、工业废水、垃圾等。每人每天带进污水中的氮约 50 g。生活污水中的磷主要来源于洗涤废水，而施入农田的化肥有 50%～80% 流入江河湖海和地下水体中。

许多参数可用作水体富营养化的指标，常用的是总磷含量、叶绿素–a 含量和初级生产率的大小，如表 13–1 所示。

表 13–1　水体富营养化的指标

富营养化程度	初级生产率/ （mg O$_2$・m^{-2}・日$^{-1}$）	总磷 / （mg・L^{-1}）	无机氮 /（mg・L^{-1}）
极贫	0～136	<0.005	<0.200
贫–中	137～409	0.005～0.010	0.200～0.400
中		0.010～0.030	0.300～0.650
中–富	410～547	0.030～0.100	0.500～1.500
富		>0.100	>1.500

一、实验目的

（1）掌握总磷、叶绿素–a 及初级生产率的测定原理及测定方法。

（2）评价水体的富营养化状况。

二、仪器与试剂

1. 仪器

（1）可见分光光度计。

（2）1 mL、2 mL 和 10 mL 移液管若干。

（3）容量瓶：100 mL 和 250 mL 容量瓶若干。

（4）250 mL 锥形瓶。

（5）比色管。

（6）BOD 瓶。

（7）具塞小试管（10 mL）。

（8）玻璃纤维滤膜、剪刀、玻璃棒、夹子。

（9）多功能水质检测仪。

2. 试剂

（1）过硫酸铵（固体）。

（2）浓硫酸。

（3）1 mol/L 硫酸溶液。

（4）2 mol/L 盐酸溶液。

（5）6 mol/L 氢氧化钠溶液。

（6）1%酚酞：1 g 酚酞溶于 90 mL 乙醇中，加水至 100 mL。

（7）丙酮:水（9:1）溶液。

（8）酒石酸锑钾溶液：将 4.4 g K（SbO）$C_4H_4O_6$ · 1/2H_2O 溶于 200 mL 蒸馏水中，用棕色瓶保存，保存温度为 4 ℃。

（9）钼酸铵溶液：将 20 g（NH_4）$_6MO_7O_{24}$ · 4H_2O 溶于 500 mL 蒸馏水中，用塑料瓶在 4 ℃时保存。

（10）抗坏血酸溶液：0.1 mol/L（溶解 1.76 g 抗坏血酸于 100 mL 蒸馏水中，转入棕色瓶，若在 4 ℃时保存，可维持 1 个星期不变）。

（11）混合试剂：50 mL 2 mol/L 硫酸、5 mL 酒石酸锑钾溶液、15 mL 钼酸铵溶液和 30 mL 抗坏血酸溶液。混合前，先让上述溶液达到室温，并按上述次序混合。在加入酒石酸锑钾或钼酸铵后，如混合试剂有浑浊，则需摇动混合试剂，并放置几分钟，直至澄清为止。若在 4 ℃下保存，可维持 1 个星期不变。

（12）磷酸盐储备液（1.00 mg/mL 磷）：称取 1.098 g KH_2PO_4，溶解后转入 250 mL 容量瓶中，稀释至刻度，即得含磷量为 1.00 mg/mL 的磷酸盐溶液。

（13）磷酸盐标准溶液：量取 1.00 mL 储备液于 100 mL 容量瓶中，稀释至刻度，即得磷含量为 10 μg/mL 的工作液。

三、实验过程

（一）磷的测定

1. 实验原理

在酸性溶液中，将各种形态的磷转化成磷酸根离子（PO_4^{3-}），然后用钼酸铵和酒石酸锑钾与之反应，生成磷钼锑杂多酸，再用抗坏血酸把它还原为深色钼蓝。

砷酸盐与磷酸盐一样也能生成钼蓝，砷含量超过 0.1 g/mL 就会干扰测定。六价铬、二价铜和亚硝酸盐能氧化钼蓝，会使测定结果偏低。

2. 实验步骤

（1）水样处理。水样中如有大的微粒，可用搅拌器搅拌 2～3 min，以混合均匀。量取 100 mL 水样（或经稀释的水样）2 份，分别放入 250 mL 锥形瓶中，另取 100 mL 蒸馏水于 250 mL 锥形瓶中作为对照，分别加入 1 mL 2 mol/L 硫酸溶液和 3 g（NH_4）$_2S_2O_8$，微沸约 1 h，补加蒸馏水使体积为 25～50 mL（如锥形瓶壁上有白色凝聚物，则应用蒸馏水将其冲入溶液中），再加热数分钟。待其冷却后，加一滴酚酞，并用 6 mol/L 氢氧化钠溶液中和至微红色。之后，滴加 2 mol/L 盐酸溶液使粉红色恰好褪去，转入 100 mL 容量瓶中，加水稀释至刻度，移取 25 mL 至 50 mL 比色管中，加 1 mL 混合试剂，摇匀后，放置 10 min，加水稀释至刻度再摇匀，放置 10 min，以试剂空白为参比，用 1 cm 比色皿于波长 880 nm 处测定吸光度（若分光光度计不能测定 880 nm 处的吸光度，则可选择测定波长 710 nm 处的吸光度）。

（2）标准曲线的绘制。分别吸取 10 μg/mL 磷的标准溶液 0 mL、0.50 mL、1.00 mL、1.50 mL、2.00 mL、2.50 mL、3.00 mL 于 50 mL 比色管中，加水稀释至约 25 mL，加入 1 mL 混合试剂，摇匀后放置 10 min，加水稀释至刻度，再摇匀；10 min 后，以试剂空白溶液作参比，用 1 cm 比色皿，于波长 880 nm 处测定吸光度。

3. 数据处理

由标准曲线查得磷的含量，按下式计算水中磷的含量，即

$$\rho_P = W_p / V$$

式中，ρ_P 为水中磷的含量，单位为 mg/L；W_p 为由标准曲线查得的磷含量，单位为 μg；V 为测定时吸取水样的体积（在本实验中，V=25.00 mL）。

（二）生产率的测定

1. 实验原理

绿色植物的生产率是光合作用的结果，与氧的产生量成比例。因此，可以把测定水体中的氧看作对生产率的测量。然而在任何水体中都有呼吸作用产生，要消耗一部分的氧。所以在计算生产率时，还必须测量因呼吸作用而损失的氧。

本实验用测定 2 只无色瓶和 2 只深色瓶中相同样品溶解氧变化量的方法来测定生产率。此外，通过测定无色瓶中溶解氧的减少量，提供校正呼吸作用的数据。

2. 实验步骤

（1）取 4 只 BOD 瓶，其中 2 只用铝箔包裹使之不透光，将其分别记作"亮"瓶和"暗"瓶。从一水体上半部的中间取出水样，测量水温和溶解氧。如果此水体的溶解氧未过饱和，则记录此值为 ρ_{Oi}，然后将水样分别注入一对"亮"瓶和"暗"瓶中；如果水样中溶解氧过饱和，则缓缓地给水样通气，以除去过剩的氧，重新测定溶解氧并记作 ρ_{Oi}。按上述方法将水样分别注入"亮"瓶和"暗"瓶中。

（2）从水体下半部的中间取出水样，按上述方法处理。

（3）将"亮"瓶和"暗"瓶分别悬挂在与取水样相同的水深位置，调整这些瓶子，使阳光能充分照射。一般将瓶子暴露几个小时，暴露期为清晨至中午或中午至黄昏，也可清晨至黄昏。为方便起见，可选择较短的时间。

（4）暴露期结束即取出瓶子，逐一测定溶解氧，分别将"亮"瓶和"暗"瓶的数值记为 ρ_{Ol} 和 ρ_{Od}。

3. 数据处理

（1）呼吸作用：氧在暗瓶中的减少量 $R=\rho_{Oi}-\rho_{Od}$。

（2）净光合作用：氧在亮瓶中的增加量 $P_n=\rho_{Ol}-\rho_{Oi}$。

（3）总光合作用：P_g=呼吸作用+净光合作用=$(\rho_{Oi}-\rho_{Od})+(\rho_{Ol}-\rho_{Oi})=\rho_{Ol}-\rho_{Od}$。

（4）计算水体上、下两部分值的平均值。

（5）通过以下公式计算并判断每单位水域总光合作用和净光合作用的日速率：

① 把暴露时间修改为日周期，则有

$$P_g'(\mathrm{mg\,O_2 \cdot L^{-1} \cdot 日^{-1}}) = P_g \times 每日光周期时间/暴露时间$$

② 将生产率单位从"$\mathrm{mg\,O_2/L}$"改为"$\mathrm{mg\,O_2/m^2}$"，这表示 1 $\mathrm{m^2}$ 水面下水柱的总产生率。为此必须知道产生区的水深，即

$$P_g''(\mathrm{mg\,O_2 \cdot m^{-2} \cdot 日^{-1}}) = P_g \times 每日光周期时间/暴露时间 \times 10^3 \times 水深（m）$$

式中，10^3 是体积浓度 mg/L 换算为 $\mathrm{mg/m^3}$ 的系数。

③ 假设全天 24 h 呼吸作用保持不变，计算日呼吸作用，有

$$R（\mathrm{mg\,O_2 \cdot m^{-2} \cdot 日^{-1}}）= R \times 24/暴露时间（h）\times 10^3 \times 水深（m）$$

④ 计算日净光合作用，有

$$P_n（\mathrm{mg\,O_2 \cdot L^{-1} \cdot 日^{-1}}）= 日\,P_g - 日\,R$$

（4）假设符合光合作用的理想方程（$CO_2 + H_2O \rightarrow CH_2O + O_2$），将生产率的单位转换成固定碳的单位，有

$$日\,P_m（\mathrm{mg\,C \cdot m^{-2} \cdot 日^{-1}}）= 日\,P_n（\mathrm{mg\,O_2 \cdot m^{-2} \cdot 日^{-1}}）\times 12/32$$

（三）叶绿素–a 的测定

1. 实验原理

测定水体中的叶绿素–a 的含量，可估计该水体的绿色植物存在量。将色素用丙酮萃取，测量其吸光度值，便可以测得叶绿素–a 的含量。

2. 实验步骤

（1）将 100～500 mL 水样经玻璃纤维滤膜过滤，记录过滤水样的体积。将滤纸卷成香烟状，放入小瓶或离心管。加 10 mL 或足以使滤纸淹没的 90%丙酮

液，记录体积，塞住瓶塞，并在 4 ℃下暗处放置 4 h。如有浑浊，可离心萃取。将一些萃取液倒入 1 cm 玻璃比色皿，加比色皿盖，以试剂空白为参比，分别在波长 665 nm 和 750 nm 处测其吸光度。

（2）加 1 滴 2 mol/L 盐酸于上述两只比色皿中，混匀并放置 1 min，再在波长 665 nm 和 750 nm 处测定吸光度。

3. 数据处理

$$酸化前：A=A_{665}-A_{750}$$
$$酸化后：A_a=A_{665a}-A_{750a}$$

说明：将在 665 nm 处测得的吸光度减去在 750 nm 处测得的吸光度是为了校正浑浊液。

用下式计算叶绿素–a 的浓度（μg/L），即

$$叶绿素\text{–}a=29（A-A_a）V_{萃取液}/V_{样品}，$$

式中，$V_{萃取液}$ 为萃取液体积，单位为 mL；$V_{样品}$ 为样品体积，单位为 mL。

根据测定结果，并查阅有关资料，评价水体富营养化状况。

四、思考题

（1）水体中氮、磷的主要来源有哪些？

（2）在计算日生产率时，有几个主要假设？

（3）被测水体的富营养化状况如何？

实验 13–3　有机化合物的正辛醇–水分配系数

有机化合物的正辛醇–水分配系数（K_{ow}）反映了化合物在水相和有机相之间的迁移能力，是描述有机化合物在环境行为方面的重要物理化学参数，它与化合物的水溶性、土壤吸附常数和生物浓缩因子密切相关。通过对某一化合物分配系数的测定，可提供该化合物在环境行为方面的许多重要信息，特别是对于评价有机化合物在环境中的危险性起着重要作用。测定分配系数的方法有振荡法、产生柱法和高效液相色谱法。

一、实验目的

（1）掌握有机化合物正辛醇–水分配系数的测定方法。

（2）学会使用紫外分光光度计。

二、实验原理

有机化合物的正辛醇–水分配系数是指平衡状态下的有机化合物在正辛醇相中的浓度与水相中的浓度的比值，即

$$K_{ow} = \frac{c_o}{c_w}$$

式中，K_{ow} 为分配系数；c 为平衡状态下的有机化合物在正辛醇相中的浓度；c_w 为平衡状态下的有机化合物在水相中的浓度。

本实验采用振荡法先对在正辛醇相和水相中达到平衡的对二甲苯进行离心，再测定水相中对二甲苯的浓度，由此求得分配系数，即

$$K_{ow} = \frac{c_o V_o - c_w V_w}{c_w V_o}$$

式中，c_o、c_w 分别为初始和平衡时的有机化合物在正辛醇相和水相中的浓度；V_o、V_w 分别为正辛醇相和水相中的体积。

三、仪器与试剂

1. 仪器

（1）紫外分光光度计。

（2）恒温振荡器。

（3）离心机。

（4）具塞比色管。

（5）微量注射器。

（6）25 mL 和 10 mL 容量瓶。

2. 试剂

（1）正辛醇（分析纯）。

（2）95%乙醇（分析纯）。

（3）对二甲苯（分析纯）。

四、实验步骤

1. 标准曲线的绘制

移取 1.00 mL 对二甲苯于 10 mL 容量瓶中，用乙醇稀释至刻度，摇匀；取该溶液 0.10 mL 于 25 mL 容量瓶中，再用乙醇稀释至刻度，摇匀，此时浓度为 400 μL/L；在 5 只 25 mL 容量瓶中各加入该溶液 1.00 mL、2.00 mL、3.00 mL、4.00 mL 和 5.00 mL，用水稀释至刻度，摇匀；在紫外分光光度计上于波长 227 nm 处，以水为参比，测定吸光度值；利用所测得的标准系列的吸光度值对浓度作图，绘制标准曲线。

2. 溶剂的预饱和

将 20 mL 正辛醇与 200 mL 二次蒸馏水在振荡器上振荡 24 h，使二者相互饱和，待其静止分层后，两相分离，分别保存备用。

3. 平衡时间的确定及分配系数的测定

（1）移取 0.40 mL 对二甲苯于 10 mL 容量瓶中，用上述处理过的被水饱和的正辛醇稀释至刻度，该溶液浓度为 4×10^4 μL/L。

（2）分别移取 1.00 mL 上述溶液于 6 个 10 mL 具塞比色管中，用上述处理过的被正辛醇饱和的二次蒸馏水稀释至刻度；盖紧塞子，置于恒温振荡器上，分别振荡 0.5 h、1.0 h、1.5 h、2.0 h、2.5 h 和 3.0 h，离心分离，用紫外分光光度计测定水相吸光度。取水样时，为避免正辛醇的污染，可利用带针头的玻璃注射器移取水样。首先在玻璃注射器内吸入部分空气；然后当注射器通过正辛醇相时，轻轻排出空气；最后待水相中已吸取足够的溶液时，迅速抽出注射器，卸下针头，即可获得无正辛醇污染的水相。

五、数据处理

（1）根据不同时间下的有机化合物在水相中的浓度，绘制有机化合物平衡浓度随时间的变化曲线，由此确定实验所需要的平衡时间。

（2）利用达到平衡时的有机化合物在水相中的浓度，计算有机化合物的正辛醇–水分配系数。

六、注意事项

（1）正辛醇气味较大，故实验时的动作要迅速，以防止过多的气味排出。

（2）在用滴管吸取上层正辛醇时（预饱和两相分离时），要注意吸干净，防止干扰测定。

（3）测定水相吸光度时，用长滴管将水相吸出，注意不要将正辛醇吸出。

（4）混匀时，注意 30 s 后放气。

七、思考题

（1）正辛醇—水分配系数的测定有何意义？

（2）在用振荡法测定有机化合物的正辛醇—水分配系数时，有哪些优缺点？

（3）查看相关化学手册中的对二甲苯和苯胺的正辛醇–水分配系数，与自己的实验结果对比，看是否相同。如果不同，则请分析原因。

实验 13–4 天然水中铜的存在形态

一、实验目的

（1）判别铜在河水中常见的结合状态。

（2）学习用阳极溶出伏安法测定水中金属的结合状态。

（3）掌握 XJP—821（B）型新极谱仪的使用方法。

二、实验原理

天然水中金属的存在形态，按其物理状态可分为颗粒态和溶解态两类。前者包括吸附、络合于悬浮物粒子上的各种化学态。后者按其在水中的活性又分为稳定态和不稳定态。不稳定态主要包括游离的金属离子，弱结合的有机和无机的络合吸附态金属。处于这一状态的金属有电活性，在电极上能反应。稳定态主要包括强结合的有机和无机络合吸附态金属。它们在电极上无反应。但经紫外光照射后，其中的有机结合态（即稳定态 A）会变成不稳定态。不被紫外光分解的部分（即稳定态 B）经硝酸—高氯酸消化后也会变成不稳定态。不稳定态有电活性，能被微电极富集，可用溶出伏安法测定。

在适当的底液及外加电压下，不稳定态铜可以还原为金属铜沉积在工作电极上。即不稳定态铜有电活性，可以用电解法富集。而稳定态与电极无反应，不能被富集。这是用电化学法判别天然水中重金属的稳定态与不稳定态的重要依据。再辅以紫外光照射、强酸消解等方法，还可把稳定态进一步分为 A、B 两态。富集在工作电极上的铜膜，当由负电位等速向正电位扫描的过程中电位达到铜的溶出电位时，铜会迅速氧化成铜离子，溶入溶液中，同时形成一个溶出电流峰。在其他条件不变时，可以根据溶出电流峰高度来确定被测液中铜的含量。

本次实验测定受铜轻度污染的河水中铜的结合状态。河水用 0.45 μm 膜过滤，用 XJP—821（B）型新极谱仪和 ATA—1A 型旋转圆盘电极组成的极谱技术分别测定：

（1）未加处理的滤液。

（2）经光照处理后的滤液。

（3）用硝酸和高氯酸消化后的滤液。

（4）经硝酸和高氯酸消化后的悬浮物中的铜含量。

显然，未加处理的滤液中被测出的只是不稳定态铜。而经紫外光照射后的是不稳定态加上稳定态 A。经过硝酸和高氯酸消化后的则包括不稳定态、稳定态 A 和稳定态 B。因此，经过计算后可以分别确定不稳定态、稳定态 A、稳定态 B 和颗粒态的铜含量。

三、仪器与试剂

1. 仪器

（1）XJP—821（B）型新极谱仪。

（2）ATA—1A 型旋转圆盘电极。

（3）紫外灯照射器。

（4）电热板（800 W）。

（5）微孔膜过滤器。

（6）真空泵系统。

（7）氮气钢瓶。

（8）移液管。

（9）容量瓶。

（10）烧杯。

2. 试剂

（1）浓 $HClO_4$（优级纯）。

（2）浓 HNO_3（优级纯）。

（3）30% H_2O_2（优级纯）。

（4）1.00 mg/L 铜标准使用液。

（5）底液：3 mL/L $NH_4Cl–NH_4Ac–NH_3 \cdot H_2O$。

四、实验步骤

（1）水样采集和处理：用塑料桶取 1 L 河水，用玻璃纤维滤去大块颗粒物。再用 100 mL 移液管出 200 mL 水样放入微孔膜过滤器中抽滤。弃去前面 10 mL 滤液，余者存于冰箱中备用。将微孔膜及悬浮物，放入 150 mL 烧杯内备用。

（2）滤液光照处理：移取 50 mL 滤液到紫外灯照射器内，再加 10 滴 30% H_2O_2，小心放入搅拌磁子。接通冷却水和电源，在搅拌中光照滤液 2 小时。照完后把滤液倒入 100 mL 烧杯中，备用。

（3）滤液消化处理：移取 50 mL 滤液到 150 mL 烧杯中，加 2 mL 浓 HNO_3，在电热板上煮沸。试液近干时加 2 mL 浓 $HClO_4$，继续加热到白烟将尽、内溶物近干时为止。取下烧杯，冷却后加 10 mL 蒸馏水，电热板上煮沸 1 min。待其冷却后移入 100 mL 容量瓶内，用蒸馏水定容，备用。

（4）滤膜处理：往盛有微孔膜和悬浮物的烧杯内加入 10 mL 蒸馏水和 2 mL

浓 HNO₃，然后继续按滤液消化处理过程操作。

（5）测定：移取溶液 50.0 mL 于电解池（内含 5.0 mL 3 mol/L NH₄Cl–NH₄Ac–NH₃·H₂O 底液）中，将 ATA—1A 旋转圆盘电极插入电解池内，调节电极转速，通高纯氮除氧 5 min。同时密封电解池系统，按下电极开关，触发富集键，2 min 后仪器自动静止 30 s 扫描，得到一个溶出峰，测量峰高 h，重复测定 3～4 次（注意，每次测定前需对电极进行电化学清洗）。然后，在电解池中加入 0.25 mL 1.00 mg/L 的铜标准液，在相同条件下重复测定 3～4 次，记录峰高 H。

滤液光照试样、滤液消化试样、滤膜试样的测定方法同上。

阳极溶出伏安法的测定条件如表 13–2 所示。

表 13–2　阳极溶出伏安法的测定条件

上限电位/V	−1.0
起始电位/V	−0.9
下限电位/V	0
扫描速度/（mv·s⁻¹）	100
富集时间/min	2
电极转速/（r·min⁻¹）	1 000
X轴量程/（mv·cm⁻¹）	100
Y轴量程/（mv·cm⁻¹）	50

五、数据处理

$$c'_X = \frac{nc_o h}{H(m+n) - hm}$$

$$c_X = \frac{mc_X}{V} \times 1\,000$$

式中，m 为被测试液体积 V+底液体积，单位为 mL；n 为加入铜标准液的体积，单位为 mL；c_0 为加入铜标准溶液的浓度，单位为 mg/L；c_x 为被测试液的含量，单位为 μg/L。

1. 计算采用不同处理方式时，试样中的铜含量，并将结果填入表 13–3 中。

表 13–3　不同处理处理方式下试样中的铜含量

处理方式	直接处理	光照处理	消化处理	滤膜处理
被测液峰高 h/mm				
加标后被测液峰高 H/mm				
铜含量/（μg · L^{-1}）				

2. 根据各种处理方式所得铜含量算出湖水中颗粒态、不稳定态、稳定态 A、稳定态 B 的铜含量，把结果填入表 13–4 中。

表 13–4　水中铜的颗粒态、不稳定态、稳定态 B 的容量

形　态	颗粒态	溶　解　态		
		不稳定态	稳定态 A	稳定态 B
铜含量/（μg · L^{-1}）				

六、注意事项

（1）由于河水来源不同，铜含量不同，所以移取试样的体积和加入标准溶液的体积可视具体情况做适当调整。

（2）当试液用浓 HNO_3 和浓 $HClO_4$ 消化时，消化完全后应加热至白烟将尽，但勿蒸干。如溶液中剩有过多的酸，则试液酸度会很高，这会影响测定结果；如蒸干，则局部温度过高，微量的铜可能挥发损失。

（3）每经过一次溶出测定，就需对电极进行电化学清洗，经扫描查验确认无铜存在后再做下一次测定。

（4）每个样品要取得重现性较好的溶出电流峰，必须注意使每次富集时

间、静置时间、电极清洗时间等一致。

七、思考题

（1）为什么可用极谱技术来测定水中金属形态？

（2）简述阳极溶出伏安法灵敏度高的原因？

（3）为了保证测量准确，应注意哪些关键问题？

第十四章　土壤环境化学实验

实验14-1　土壤阳离子交换量的测定

一、实验目的

（1）掌握土壤阳离子交换量的测定原理和方法。

（2）通过测定表层土和深层土的阳离子交换量，了解不同土壤阳离子交换量的差别。

二、实验原理

本次实验采用快速法来测定阳离子交换量。土壤中存在的各种阳离子可被某些中性盐（$BaCl_2$）水溶液中的阳离子（Ba^{2+}）等价交换。由于在反应中存在交换平衡，交换反应实际上不能进行完全。当增大溶液中交换剂的浓度、增加交换次数时，可使交换反应趋于完全。此外，交换离子的本性、土壤的物理状态等对交换反应的进行程度也有影响。

用强电解质（硫酸溶液）把交换到土壤中的 Ba^{2+} 交换下来。因为生成了硫酸钡沉淀，而且氢离子的交换吸附能力很强，所以交换反应基本趋于完全。通过测定交换反应前后硫酸含量的变化，可以计算出消耗硫酸的量，进而计算出阳离子交换量。

不同方法测得的阳离子交换量的数值差异较大，在报告及结果应用时应注明方法。

三、仪器与试剂

1. 仪器

（1）离心机。

（2）离心管。

（3）锥形瓶。

（4）量筒。

（5）移液管。

（6）碱式滴定管。

（7）试管。

2. 试剂

（1）0.1 mol/L 氢氧化钠标准溶液。

（2）1 mol/L 氯化钡溶液。

（3）1%酚酞指示剂。

（4）0.2 mol/L 硫酸溶液。

（5）土壤样品，风干后磨碎过 200 目筛。

四、实验步骤

（1）取 4 个洗净烘干且质量相近的 50 mL 离心管，贴好标签。在天平上分别称出其质量（记为 Wg）（准确至 0.005 g，以下同）。在其中 2 个各加入 1 g 表层风干土壤样品，其余 2 个加入 1 g 深层风干土壤样品，并做好相应标记。

（2）向各管中加入 20 mL 氯化钡溶液，用玻璃棒搅拌 4 min 后，以 3 000 r/min 的转速离心 10 min（以上层溶液澄清，下层土样紧实）。倒尽上清液，然后加 20 mL 氯化钡溶液，重复上述操作 1 次，离心完后保留管内土层。

（3）在各离心管内分别加 20 mL 蒸馏水，用玻璃棒搅拌 1 min 后，再离心 1 次，倒尽上层清液，称出离心管连同土样的质量，记为 G）。

（4）移取 25.00 mL 0.2 mol/L 硫酸溶液至各离心管中，搅拌 10 min 后，放置 20 min，离心沉降，将上清液分别倒入 4 个锥形瓶中，再从中分别移取 10.00 mL 上清液至另外 4 个 100 mL 锥形瓶中。同时，分别移取 10.00 mL 0.2 mol/L 硫酸溶液至第 5 个和第 6 个锥形瓶中。在这 6 个锥形瓶中各加入 10 mL 蒸馏水和 1 滴指示剂，并用标准氢氧化钠溶液滴定（溶液转为红色并数分钟不褪色即为终点）。记录 0.2 mol/L 硫酸溶液和样品溶液耗去的标准溶液的体积，分别为 A（mL）和 B（mL）。

五、数据处理

按下式计算土壤阳离子交换量，即

$$CEC=\frac{[A\times25-B\times(25+G-W-W_0)]\times N}{W_0\times10}\times100$$

式中，CEC 为土壤阳离子交换量，单位为 cmol/kg[①]；A 为滴定 0.1 mol/L 硫酸溶液所消耗的标准氢氧化钠溶液体积，单位为 mL；B 为滴定离心沉降后的上清液消耗标准氢氧化钠溶液体积，单位为 mL；G 为离心管连同土样的质量，单位为 g；W 为空离心管的质量，单位为 g；W_0 为称取的土样质量，单位为 g；N 为标准氢氧化钠溶液的浓度，单位为 mol/L。

六、注意事项

（1）实验所用的玻璃器皿应洁净干燥，以免造成实验误差。

（2）离心时注意使处在对应位置上的离心管应质量接近，避免质量不平衡情况的出现。

[①] 1 cmol/kg=0.1 mmol/kg。

七、思考题

（1）两种土壤阳离子交换量有差别的原因是什么？

（2）除了实验中所用的方法外，还有那些方法可以用来测定土壤阳离子交换量？各有什么优、缺点？

（3）试述土壤的离子交换和吸附作用对污染物迁移转化的影响。

实验 14–2　土壤有机质的测定

土壤有机质是土壤的重要组成部分，是植物养分的重要来源，如碳、氮、磷、硫等。它能促进土壤形成结构，改善土壤的物理、化学性质及生物学过程的条件，提高土壤的吸附性能和缓冲性能，土壤有机质含量是判断土壤肥力高低的重要指标。测定土壤有机质含量是土壤分析的主要项目之一。

一、实验目的

（1）学会用化学氧化法测定土壤有机质。

（2）了解将土壤有机质作为环境监测项目的意义。

二、实验原理

用定量的重铬酸钾–硫酸溶液，在电砂浴加热条件下，使土壤中的有机碳氧化；剩余的重铬酸钾用硫酸亚铁标准溶液滴定，并以二氧化硅为添加剂做试剂空白标定；根据氧化前后氧化剂质量差值，计算出有机碳的含量，再乘以系数 1.724，即为土壤有机质含量。

三、仪器与试剂

1. 仪器

（1）分析天平：精确到 0.000 1 g。

（2）电砂浴。

（3）磨口三角瓶。

（4）简易空气冷凝管。

（5）滴定管。

（6）滴定台。

（7）温度计。

（8）铜丝筛。

（9）瓷研钵。

2. 试剂

说明：除特殊注明者外，所用试剂皆为分析纯。

（1）重铬酸钾（优级纯）。

（2）浓硫酸。

（3）硫酸亚铁。

（4）硫酸银（研成粉末）。

（5）二氧化硅（粉末状）。

（6）邻菲罗啉指示剂：称取邻菲罗啉 1.490 g，溶于含有 0.700 g 硫酸亚铁的 100 mL 水溶液中。此试剂易变质，应密闭保存于棕色瓶中备用。

（7）0.4 mol/L 重铬酸钾-硫酸溶液：称取重铬酸钾 39.23 g，溶于 600～800 mL 蒸馏水中；待完全溶解后加水稀释至 1 L，将溶液移入 3 L 大烧杯中；另取 1 L 相对密度为 1.84 的浓硫酸，缓慢倒入重铬酸钾水溶液内，不断搅动，为避免溶液急剧升温，每加约 100 mL 硫酸后稍停片刻，并把大烧杯放在盛有冷水的盆内冷却；待溶液的温度降到不烫手时再加另一份硫酸，直到全部加完为止。

（8）重铬酸钾标准溶液：称取经 130 ℃ 烘 1.5 h 的重铬酸钾（优级纯）9.807 0 g，先用少量水溶解，然后移入 1 L 容量瓶内，加水定容。此溶液浓度 $c_{(1/6K_2Cr_2O_7)}$ =0.200 0 mol/L。

（9）硫酸亚铁标准溶液：称取硫酸亚铁 56 g，溶于 600～800 mL 水中，加浓硫酸 20 mL，搅拌均匀，加水定容至 1 L（必要时过滤），于棕色瓶中保存。注意，此溶液易受空气氧化，使用时必须每天标定一次准确浓度。

硫酸亚铁标准溶液的标定方法如下：

准确吸取 $K_2Cr_2O_7$ 标准溶液 20.0 mL 于 150 mL 三角瓶中，加 3 mL 浓硫酸；再加入邻啡罗啉指示剂 3～5 滴，摇匀；然后用硫酸亚铁溶液滴定至棕红色为止。根据硫酸亚铁溶液的消耗量，计算硫酸亚铁标准溶液浓度为

$$c_2 = \frac{c_1 V_1}{V_2}$$

式中，c_2 为硫酸亚铁溶液摩尔浓度，单位为 mol/L；c_1 为重铬酸钾标准溶液的浓度，单位为 mol/L；V_1 为吸取的重铬酸钾标准溶液的体积，单位为 mL；V_2 为滴定用去硫酸亚铁溶液的体积，单位为 mL。

四、实验步骤

（1）样品的选择和制备。选取有代表性的风干土壤样品，用镊子挑出植物根叶等有机残体，然后用木棒把土块压细，使之通过 1 mm 筛。待其充分混匀后，从中取出试样 10～20 g，磨细，并全部通过 0.25 mm 筛，装入磨口瓶中备用。

（2）对于新采回的水稻土或长期处于二渍水条件下的土壤，必须在土壤晾干压碎后，平摊成薄层，每天翻动一次，在空气暴露一周左右后才能磨样。

（3）按表 14–1 所示的有机质含量的规定称取制备好的风干试样 0.05～0.5 g，精确到 0.000 1 g，置于 150 mL 三角瓶中，加粉末状的硫酸银 0.1 g，然后准确加入 0.4 mol/L 重铬酸钾–硫酸溶液 10 mL，摇匀。

表 14–1　不同土壤有机质含量的称样量

有机质含量%	试样质量/g	有机质含量%	试样质量/g
2 以下	0.4～0.5	7～10	0.1
2–7	0.2～0.3	10～15	0.05

（4）将盛有试样的三角瓶装入简易空气冷凝管，移至已预热到 200～230 ℃的电砂浴上加热，当简易空气冷凝管下端滴下第一滴冷凝液时开始计时，消煮（5±0.5）min。

（5）消煮完毕后，将三角瓶从电砂浴上取下，冷却片刻，用水冲洗冷凝管内壁及其底端外壁，使洗涤液流入原三角瓶，瓶内溶液的总体积应控制在60～80 mL为宜，加3～5滴邻菲罗林指示剂，用硫酸亚铁铵标准溶液滴定剩余的重铬酸钾。溶液的变色过程：先由橙黄变为蓝绿，再变为棕红（即达终点）。如果试样滴定所用硫酸亚铁铵标准溶液的体积不到试剂空白标定所耗硫酸亚铁铵标准溶液体积的1/3，则应减少土壤称样量，重新测定。

（6）每批试样必须同时做2～3个试剂空白样，进行标定。取0.005 g粉末状二氧化硅代替试样，其他步骤上，取测定的平均值。

五、数据处理

土壤有机质含量X（按烘干土计算）的计算公式为

$$X = \frac{(V_0 - V)c_2 \times 0.003 \times 1.724 \times 100}{m}$$

式中，X为土壤有机质含量，单位为%；V_0为空白滴定消耗硫酸亚铁铵量，单位为mL；V为测定试样消耗硫酸亚铁铵量，单位为mL；c_2为硫酸亚铁铵标准溶液浓度，单位为mol/L；0.003为1/4碳原子的摩尔质量，单位为g/mol；1.724为由有机碳换算为有机质的系数；m为烘干试样质量，单位为g。

平行测定的结果用算术平均值表示，保留3位有效数字。

六、注意事项

（1）如果试样滴定所用硫酸亚铁铵标准溶液的体积不到试剂空白标定所耗硫酸亚铁铵标准溶液体积的1/3，则应减少土壤称样量，重新测定。

（2）在滴定试剂空白样时，应适当加入2～3 mL浓硫酸。

（3）注意硫酸浓度、硫酸亚铁铵氧化和消煮时间的控制。

（4）允许误差：当土壤有机质含量少于1%时，平行测定结果相差不得超过0.05%；当土壤有机质含量为1%～4%时，平行测定结果相差不得超过0.10%；当土壤有机质含量为4%～7%时，平行测定结果相差不得超过0.3%；当土壤有机质含量在10%以上时，平行测定结果相差不得超过0.5%。

七、思考题

（1）消解温度与消解时间对实验结果有何影响？

（2）重铬酸钾容量法测定土壤有机质的原理是什么？

实验 14-3 土壤对铜的吸附

土壤中的重金属污染主要来自工业废水、农药、污泥和大气沉降等。过量的重金属可引起植物的生理功能紊乱、营养失调。由于重金属不能被土壤中的微生物降解，由此其可在土壤中不断积累，也可被植物富集并通过食物链危害人体健康。

重金属在土壤中的迁移转化主要包括吸附作用、配合作用、沉淀溶解作用和氧化还原作用，其中又以吸附作用最为重要。

铜是植物生长所必不可少的微量营养元素，但含量过多也会使植物中毒。土壤的铜污染主要是来自铜矿开采和冶炼过程。进入土壤中的铜会被土壤中的黏土矿物微粒和有机质吸附，其吸附能力的大小将影响铜在土壤中的迁移转化。因此，研究土壤对铜的吸附作用及其影响因素具有非常重要的意义。

一、实验目的

（1）了解影响土壤对铜吸附作用的有关因素。

（2）学会建立吸附等温式的方法。

（3）学习使用原子吸收光谱仪测定土壤中铜的操作方法。

二、实验原理

不同土壤对铜的吸附能力不同，同一种土壤在不同条件下对铜的吸附能力也有很大差别。而对吸附影响比较大的两种因素是土壤的组成和pH。为此，本实验通过向土壤中添加一定数量的腐殖质和调节带吸附铜溶液的pH，分别测定上述两种因素对土壤吸附铜的影响。

（1）土壤对铜的吸附可采用 Freundlich 吸附等温式来描述，即

$$Q=K\rho^{1/n}$$

式中，Q 为土壤对铜的吸附量，单位为 mg/g；ρ 为吸附达平衡时溶液中铜的浓度，单位为 mg/L；K，n 为经验常数，其数值与离子种类、吸附剂性质及温度等有关。

将 Freundlich 吸附等温式两边取对数，可得

$$\lg Q=\lg K+1/n\lg\rho$$

以 $\lg Q$ 对 $\lg\rho$ 作图可求得常数 K 和 n，将 K、n 代入 Freundlich 吸附等温式，便可确定该条件下的 Freundlich 吸附等温式方程，由此可确定吸附量（Q）和平衡浓度（ρ）之间的函数关系。

（2）采用 Langmuir 吸附等温式描述，即

$$Q=q_{m}k_{1}\rho/(1+k_{1}\rho)\rightarrow 1/Q=1/q_{m}k_{1}\rho+1/q_{m}$$

以 $1/Q$ 对 $1/\rho$ 作图可求出 q_{m} 和 k_{1}，进而确定吸附量（Q）与平衡浓度 ρ 的函数关系，分别做出 $\lg Q$–$\lg\rho$ 和 $1/Q$–$1/\rho$ 图，求出相关系数，判定吸附类型。

三、仪器和试剂

1. 仪器

（1）原子吸收分光光度计。

（2）恒温振荡器。

（3）离心机。

（4）酸度计。

（5）复合电极。

（6）容量瓶。

（7）聚乙烯塑料瓶。

2. 试剂

（1）$CaCl_2$ 溶液（0.01 mol/L）：称取 1.5 g $CaCl_2\cdot 2H_2O$ 溶于 1 L 水中。

（2）铜标准溶液（1 000 mg/L）：将 0.500 0 g 金属铜（99.9%）溶解于 30 mL

1:1HNO₃ 中，用水定容至 500 mL。

（3）50 mg/L 铜标准溶液：吸取 25 mL 100 0 mg/L 铜标准溶液于 500 mL 容量瓶中，加水定至刻度。

（4）0.5 mol/L H_2SO_4 溶液。

（5）1 mol/L NaOH 溶液。

（6）铜标准系列溶液（pH=2.5）：分别吸取 10.00 mL、15.00 mL、20.00 mL、25.00 mL、30.00 mL 的铜标准溶液于 250 mL 烧杯中，加 0.01 mol/L CaCl₂ 溶液，稀释至 240 mL，先用 0.5 mol/L H_2SO_4 调节 pH=2，再以 1 mol/L NaOH 溶液调节 pH=2.5，将此溶液移入 250 mL 容量瓶中，用 0.01 mol/LCaCl₂ 溶液定容。该标准系列溶液浓度为 40.00 mg/L、60.00 mg/L、80.00 mg/L、100.00 mg/L、120.00 mg/L。按同样方法，配制 pH=5.5 的铜标准系列溶液。

（7）腐殖酸（生化试剂）。

（8）1 号土壤样品：将新采集的土壤样品经过风干、磨碎，过 0.15 mm（100 目）筛后装瓶，备用。

（9）2 号土壤样品：取 1 号土壤样品 300 g，加人腐殖酸 30 g，磨碎，过 0.15 mm（100 目）筛后装瓶，备用。

四、实验步骤

1. 标准曲线的绘制

吸取 50 mg/L 的铜标准溶液 0 mL、0.50 mL、1.00 mL、2.00 mL、4.00 mL、6.00 mL、8.00 mL、10.00 mL 分别置于 50 mL 容量瓶中，加 2 滴 0.5 mol/L 的 H_2SO_4，用水定容，其浓度分别为 0 mg/L、0.50 mg/L、1.00 mg/L、2.00 mg/L、4.00 mg/L、6.00 mg/L、8.00 mg/L、10.00 mg/L，然后在原子吸收分光光度计上测定吸光度。根据吸光度与浓度的关系绘制标准曲线。

原子吸收测定条件：波长为 325.0 nm；灯电流为 1 mA；光谱通带为 20；增益粗调为 0；燃气为乙炔；助燃气为空气；火焰类型为氧化型。

2. 土壤对铜的吸附平衡时间的测定

（1）分别称取 1 号和 2 号土壤样品各 6 份，每份 10 g 于 50 mL 聚乙烯塑

料瓶中，向每份样品中各加人 50 mg/L 铜标准溶液 50 mL。

（2）将上述样品在室温下进行振荡，分别在振荡 0、15 min、30 min、45 min、60 min、90 min 后，离心分离，迅速吸取上层清液 10 mL 于 50 mL 容量瓶中，加 2 滴 0.5 mol/L 的 H_2SO_4 溶液，用水定容后，用原子吸收分光光度计测定吸光度。以上内容分别用 pH＝3.5 和 pH＝5.5 的 100 mg/L 的铜标准溶液平行操作。根据实验数据绘制溶液中铜浓度对反应时间的关系曲线，以确定吸附平衡所需时间。

3. 土壤对铜的吸附量的测定

（1）称取 1 号、2 号土壤样品各 10 份，每份 10 g，分别置于 50 mL 聚乙烯塑料瓶中。

（2）依次加入 50 mL pH＝3.5 和 pH＝5.5、浓度为 40.00 mg/L、60.00 mg/L、80.00 mg/L、100.00 mg/L、120.00 mg/L 铜标准系列溶液，盖上瓶塞后置于恒温振荡器上。

（3）振荡 45 min 后，取 15 mL 土壤浑浊液于离心管中，离心 10 min，吸取上层清液 10 mL 于 50 mL 容量瓶中，加 2 滴 0.5 mol/L 的 H_2SO_4 溶液，用水定容后，用原子吸收分光光度计测定吸光度。

（4）剩余土壤浑浊液用酸度计测定 pH。

五、数据处理

（1）根据实验数据确定两种图样达到吸附平衡所需时间。

（2）土壤对铜的吸附量可通过下式计算，即

$$Q = (\rho_0 - \rho)V/(1\,000\,W)$$

式中，Q 为土壤对铜的吸附量，单位为 mg/g；ρ_0 为溶液中铜的起始浓度，单位为 mg/L；ρ 为溶液中铜的平衡浓度，单位为 mg/L；V 为溶液的体积，单位为 mL；W 单位为烘干土样质量，单位为 g。

由此方程可计算出不同平衡浓度下土壤对铜的吸附量。

（3）建立土壤对铜的吸附等温线。以吸附量（Q）～溶液中铜的平衡浓度（ρ）作图即可得在室温下，pH=2.5 和 pH=5.5 时土壤对铜的吸附等温线。

（4）建立 Langmuir 和 Freundlich 吸附等温式方程。分别以 $1/Q$–$1/\rho$、$\lg Q \sim \lg \rho$ 作图，根据所得直线的斜率和截距可分别求出 Langmuir 和 Freundlich 吸附等温式方程的常数及相关系数，根据求得的相关系数可判定吸附类型，包括 pH=2.5 和 pH=5.5 条件下，不同土壤样品对铜的吸附等温式方程。

六、思考题

（1）土壤的组成及溶液的 pH 值对铜的吸附量有何影响？为什么？

（2）实验过程中应注意哪些关键问题？

实验 14–4 底泥对苯酚的吸附作用

底泥/悬浮颗粒物是水中污染物的源和汇。水体中有机污染物的迁移转化途径很多，如挥发、扩散、化学或生物降解等，其中底泥/悬浮颗粒物的吸附作用对有机污染物的迁移、转化、归趋及生物效应有重要影响，在某种程度上起着决定作用。底泥对有机污染物的吸附主要包括分配作用和表面吸附。

苯酚是化学工业的基本原料，也是水体中常见的有机污染物。底泥对苯酚的吸附作用与其组成、结构等有关。吸附作用的强弱可用吸附系数表示。探讨底泥对苯酚的吸附作用对了解苯酚在水/沉积物多介质的环境化学行为，乃至水污染防治都具有重要的意义。

本实验以底泥为吸附剂，吸附水中的苯酚；绘制吸附等温线后，用回归法求出底泥对苯酚的吸附常数。

一、实验目的

（1）绘制底泥对苯酚的吸附等温线，求出吸附常数。

（2）了解水体中底泥的环境化学意义及其在水体自净中的作用。

二、实验原理

实验研究底泥对一系列浓度苯酚的吸附情况，计算平衡浓度和相应的吸附

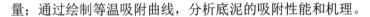

量；通过绘制等温吸附曲线，分析底泥的吸附性能和机理。

本实验采用 4–氨基安替比林法测定苯酚。即在 pH 为 10.0±0.2 的介质中，在铁氰化钾存在下，苯酚与 4–氨基安替比林反应，生成橙色的吲哚酚安替比林染料，其水溶液在波长 510 nm 处有最大吸收。用 2 cm 比色皿测量时，苯酚的最低检出浓度为 0.1 mg/L。

三、仪器与试剂

1. 仪器

（1）恒温调速振荡器。

（2）低速离心机。

（3）可见光分光光度计。

（4）碘量瓶。

（5）离心管。

（6）比色管。

（7）移液管。

2. 试剂

（1）底泥样品制备及表征：采集河道的表层底泥，去除沙砾和植物残体等大块物，于室温下风干；用瓷研钵捣碎，过 100 目筛（＜0.15 mm），充分摇匀，装瓶备用。用固体总有机碳分析仪测定土壤中有机碳含量（f_{oc}）。

（2）无酚水：于 1 L 水中加入 0.2 g 经 200 ℃活化 0.5 h 的活性炭粉末，充分振荡后，放置过夜。用双层中速滤纸过滤，或加氢氧化钠使水呈碱性，并滴加高锰酸钾溶液至紫红色，移入蒸馏瓶中加热蒸馏，收集流出液，备用。本实验应使用无酚水。

注：无酚水应储备于玻璃瓶中，取用时应避免与橡胶制品（橡皮塞或乳胶管）接触。

（3）淀粉溶液：称取 1 g 可溶性淀粉，用少量水调成糊状，加沸水至100 mL，冷却，置于冰箱中保存。

（4）溴酸钾—溴化钾标准参考溶液（$c_{1/6KBrO_3}$ =0.1 mol/L）：称取 2.784 g 溴

酸钾溶于水中，加入 10 g 溴化钾，使其溶解，移入 1 000 mL 容量瓶中，稀释至标线。

（5）碘酸钾标准参考溶液（$c_{1/6KIO_3}$ =0.012 5 mol/L）：称取预先在 180 ℃烘干的碘酸钾 0.445 8 g 溶于水中，移入 1 000 mL 容量瓶中，稀释至标线。

（6）硫代硫酸钠标准溶液（$c_{Na_2S_2O_3}$ ≈0.012 5 mol/L）：称取 3.1 g 硫代硫酸钠溶于煮沸后并冷却的水中，加入 0.2 g 碳酸钠，释释至 1 000 mL，临用前，用碘酸钾标定。

标定方法：取 10.0 mL 碘酸钾溶液于 250 mL 碘量瓶中，加水稀释至100 mL，加 1 g 碘化钾，再加 5 mL（1+5）硫酸，加塞，轻轻摇匀。在暗处放置 5 min，用硫代硫酸钠溶液滴定至淡黄色，加 1 mL 淀粉溶液，继续滴定至蓝色刚褪去为止，记录硫代硫酸钠溶液用量。按下式计算硫代硫酸钠溶液浓度（mol/L），即

$$c_{Na_2S_2O_3} = \frac{0.012\,5 \times V_4}{V_3}$$

式中，V_3 为硫代硫酸钠溶液消耗量，单位为 mL；V_4 为移取碘酸钾标准参考溶液量，单位为 mL；0.012 5 为碘酸钾标准参考溶液浓度，单位为 mol/L。

（7）苯酚标准储备液：称取 1.00 g 无色苯酚溶于水中，移入 1 000 mL 容量瓶中，稀释至标线。在冰箱内保存，至少稳定 1 个月。

标定方法：吸取 10.00 mL 苯酚储备液于 250 mL 碘量瓶中，加水稀释至100 mL，加 10.0 mL 0.1 mol/L 溴酸钾–溴化钾溶液，立即加入 5 mL 盐酸，盖好瓶塞，轻轻摇匀，在暗处放置 10 min。加入 1 g 碘化钾，盖好瓶塞，再轻轻摇匀，在暗处放置 5 min。用 0.012 5 mol/L 硫代硫酸钠标准溶液滴定至淡黄色，加入 1 mL 淀粉溶液，继续滴定至蓝色刚好褪去，记录用量。同时以水代替苯酚储备液作空白实验，记录硫代硫酸钠标准溶液滴定用量。苯酚储备液的浓度由下式计算，即

$$\rho_{苯酚} = \frac{(V_1 - V_2) \times c \times 15.68}{V}$$

式中，$\rho_{苯酚}$ 为苯酚储备液的浓度，单位为 mg/mL；V_1 为空白实验中硫代硫酸钠标准溶液滴定用量，单位为 mL；V_2 为滴定苯酚储备液时，硫代硫酸钠标准溶液的滴定用量，单位为 mL；V 为取用苯酚储备液体积，单位为

mL；c 为硫代硫酸钠标准溶液浓度，单位为 mol/L；15.68 为 1/6 苯酚摩尔质量，单位为 g/mol。

（8）苯酚标准中间液（使用时当天配制）：取适量苯酚储备液，用水稀释，配制成 10 μg/mL 苯酚中间液。

（9）苯酚吸附使用液（2 000 μg/mL）：称取 2.00 g 无色苯酚溶于水中，移入 1 000 mL 的容量瓶中，稀释至标线。

（10）缓冲溶液（pH 约为 10）：称取 20 g 氯化铵溶于 100 mL 氨水中，加塞，置于冰箱中保存。

（11）2% 4-氨基安替比林溶液：称取 4-氨基安替比林（$C_{11}H_{13}N_3O$）2 g 溶于水，稀释至 100 mL，置于冰箱中保存，可使用 1 周。

（12）8%铁氰化钾溶液：称取 8 g 铁氰化钾 $\{K_3[Fe(CN)_6]\}$ 溶于水，稀释至 100 mL，置于冰箱内保存，可使用 1 周。

四、实验步骤

1. 标准曲线的绘制

在 9 支 50 mL 比色管中分别加入 0 mL、1.00 mL、3.00 mL、5.00 mL、7.00 mL、10.00 mL、12.00 mL、15.00 mL、18.00 mL 浓度为 10 μg/mL 的苯酚标准液，用水稀释至刻度。加 0.5 mL 缓冲溶液，混匀。此时 pH 为 10.0±0.2，加 4-氨基安替比林溶液 1.0 mL，混匀。再加 1.0 mL 铁氰化钾溶液，充分混匀后，放置 10 min，立即在 510 nm 波长处，以蒸馏水作为参比，用 2 cm 比色皿，测量吸光度，记录数据，经空白校正后，绘制吸光度对苯酚含量（μg/mL）的标准曲线。

2. 吸附实验

取 6 只干净的 100 mL 碘量瓶，分别在每个瓶内放入 1.0 g 左右的沉积物样品（称准到 0.000 1 g，以下同）；然后按表 14-2 所给参数加入浓度为 2 000 μg/mL 的苯酚使用液和无酚水，加塞密封并摇匀后，将瓶子放入振荡器中，在（25±1.0）℃下，以 150～175 r/min 的转速振荡 8 h，静置 30 min 后，在低速离心机上以 3 000 r/min 离心 5 min，移出上清液 10 mL 至 50 mL 容量瓶中，用蒸馏水定容至刻度,摇匀,然后移出数毫升(视平衡浓度而定)至 50 mL 比色管中,用水稀释至刻度。按同绘制标准曲线相同步骤测定吸光度,从标准曲线上查出苯酚的浓度,并计算出苯酚的平衡浓度。

表 14–2 苯酚加入浓度系列

序号	1	2	3	4	5	6
苯酚吸附使用液/mL	1.0	3.0	6.0	12.5	20.0	25.0
无酚水/mL	24	22	19	12.5	5	0
起始浓度ρ_0/(mg·L^{-1})	80	240	480	1 000	1 600	2 000
取上清液/mL	2.00	1.00	1.00	1.00	0.50	0.50
稀释倍数	125	250	250	250	500	500
吸光度						
平衡浓度ρ_e/(mg·L^{-1})						
吸附量 Q/(mg·kg^{-1})						

五、数据处理

(1)计算平衡浓度(ρ_e)及吸附量(Q)。其计算公式为

$$\rho_e = \rho_1 \times n$$

$$Q = \frac{(\rho_0 - \rho_e) \times V}{m}$$

式中,ρ_0 为起始浓度,单位为 μg/mL;ρ_e 为平衡浓度,单位为 μg/mL;ρ_1 为在标准曲线上查得的测量浓度,单位为 mg/L;n 为溶液的稀释倍数;V 为吸附实验中所加苯酚溶液的体积,单位为 mL;m 为吸附实验所加底泥样品的量,单位为 g;Q 为苯酚在底泥样品上的吸附量,单位为 mg/kg。

(2)利用平衡浓度和吸附量数据绘制苯酚在底泥上的吸附等温曲线。

(3)利用 Freundlich 吸附方程 $Q=K\rho^{1/n}$,通过回归分析求出方程中的常数 K 及 n。

六、思考题

（1）影响底泥对苯酚吸附系数大小的因素有哪些？

（2）哪种吸附方程更能准确描述底泥对苯酚的等温吸附曲线？

实验 14–5　沉积物中铁、锰的形态分析

一、实验目的

（1）明确环境污染物化学形态分析的环境化学意义。

（2）了解并掌握用化学提取法进行沉积物中铁、锰化学形态分析的方法。

（3）掌握原子吸收测定金属元素含量的原理和方法。

二、实验原理

选择钢铁厂最具特征的铁、锰两个元素，用 HF–HNO_3–$HClO_4$ 消煮沉积物制备的待测液，直接用原子吸收分光光度法（AAS）测定溶液中的铁和锰。但待测液中的铝、磷和高含量的钛对测铁有干扰，可通过加入 1 000 mg/L 锶（以氯化锶形式加入）来消除干扰。对锰的最灵敏线的波长是 279.5 nm，对铁的最灵敏线的波长是 248.3 nm，测定下限可达 0.01 mg/L，最佳测定范围为 2～20 mg/L。

同时，对铁和锰在沉积物样品中存在的化学形态进行分析。本实验采用选择性溶剂以及通过控制不同的 pH，对沉积物中存在的各种化学形态的铁和锰进行连续的提取，分离出各种溶剂的提取液，再用 AAS 分别测定其中的铁、锰含量。

三、仪器与试剂

1. 仪器

（1）聚四氟乙烯坩埚。

（2）容量瓶。

（3）恒温调速振荡器。

（4）离心机。

（5）原子吸收分光光度计。

（6）砂浴。

2. 试剂

（1）乙酸铵溶液。

（2）乙酸钠–乙酸溶液。

（3）EDTA 溶液。

（4）浓硫酸。

（5）含 3% 过氧化氢的 2.5% 乙酸溶液。

（6）抗坏血酸溶液。

（7）HF 溶液。

（8）1:1 HNO_3 溶液。

（9）$HClO_4$ 溶液。

（10）铁标准溶液。

（11）锰标准溶液。

四、实验步骤

（1）绘制标准曲线。

分别移取 5.00 mL、10.00 mL、15.00 mL、20.00 mL、25.00 mL 10 mg/L 的铁（或锰）标准溶液于 25 mL 容量瓶中，用水稀释至刻度，配制成 2~10 mg/L 铁或锰的标准系列溶液。用 AAS 法，在波长 248.3 nm 或 279.5 nm 处，分别测定吸收值，绘制铁和锰的标准曲线。

（2）沉积物样品的预处理。

称取研磨通过 0.149 mm 尼龙筛的均匀沉积物试样 0.100 0 g 于 30 mL 聚四氟乙烯坩埚中，用二次去离子水湿润样品，然后加入 10 mL HF 溶液和 1 mL 浓硫酸，在电热板上消煮蒸发至近干时，取下坩埚。冷却后，加入 2 mL $HClO_4$ 溶液，继续消煮到不再冒白烟，坩埚内残渣呈均匀的浅色（若呈凹凸状为消煮不完全）。取下坩埚，加入 1:1 HNO_3 溶液 1 mL，加热溶解残渣，至溶液完全澄清后转移到 25 mL 容量瓶中，定容摇匀，立即转移到聚四氟乙烯小瓶中，备用。

采用选择性溶剂和控制不同的 pH，根据介质酸度和溶出能力，对沉积物做连续提取，分离出各种提取剂的提取液，用容量瓶定容后，再用原子吸收光度法分别测定其中的铁和锰。

五、数据处理

沉积物中铁和锰的含量由下式求得：

$$\omega = \frac{\rho \times V}{m}$$

式中，ω 为样品中铁或锰的质量分数，单位为 mg/kg；ρ 为由标准曲线查得铁或锰的浓度，单位为 mg/L；V 为样品溶液的总体积，单位为 mL；m 为沉积物样品的质量，单位为 g。

参　考　书

[1] 南开大学环境化学教研室，杭州大学环境化学教研室. 环境化学实践指南 [M]. 杭州：浙江教育出版社，1986.

[2] 国家环境保护总局《水与废水监测分析方法》编委会. 水和废水监测分析方法（第四版）[M]. 北京：中国环境科学出版社，2009.

[3] 董德明，朱利中. 环境化学实验 [M]. 北京：高等教育出版社，2002.

[4] 国家环境保护总局《空气和废气监测分析方法》编委会. 空气和废气监测分析方法 [M]. 北京：中国环境科学出版社，1995.

[5] 顾雪元，毛亮. 环境化学实验 [M]. 南京：南京大学出版社，2012.